前言

為什麼要寫這本書

OAuth 從 2006 年誕生以來，經過 1.0 和 2.0 兩個版本迭代後，在 2011 年左右趨於成熟。隨後大量的場景開始應用 OAuth 2.0 (OAuth 2) 來實現自身業務，其中最為突出的應用場景便是開放平臺。

大部分的社群網站都會基於開放平臺，透過開放平臺將自身能力開放給第三方應用程式開發者，使他們在快速開發各種類型的應用，極大地豐富了使用者的體驗。隨後，進一步豐富自身的業務場景。

與此同時，各種開發平臺也如雨後春筍一般迅速發展。據統計，目前的開放平臺已經達到幾十家。相信隨著網際網路的發展和人工成本的提高，越來越多的企業會選擇透過開放平臺將自己的能力對外開放，從而和廣大的第三方應用程式開發者合作共建、互利共贏。

在這種大環境下，開放平臺的架設需求也將越來越多。在開放平臺中，有很多子系統透過相互配合來完成對外開放的需求，而開放授權系統是其中非常重要的一環。目前，開放授權系統均是基於 OAuth 2 開發的，但是在實際開發中需要根據自己的實際情況進行一些流程的修改，以適應自身的場景，同時在基於 OAuth 2 實現開放授權系統的過程中有很多細節需要進行設計，一旦某些細節設計不合理將會對系統造成重大損害。

目前，關於開放授權系統架設的完整資料較少。為了能提供一套基於 OAuth 2 協定來服務於當代開放授權系統的詳細方案，完善一些在其他資料中沒有提到的細節，也為了給開放平臺開發的相關工程師提供一套完整的參考資料，編者萌生了撰寫本書的想法。

1

本書特色

本書以開放平臺中的實際應用為標準,對相關的理論介紹點到即止,並從實踐經驗出發,對開放授權系統中各種場景的實現步驟和方案細節進行詳細介紹。本書更是首次對回呼位址和 OpenID 相關內容進行了詳細探討,並舉出了可落地的方案。讀者完全可以基於本書的指導來架設屬於自己的並且能應用於實際生產的開放授權系統。

目標讀者

- OAuth 2 研究者和同好。
- 開放平臺相關的技術入員和營運入員。
- 第三方應用程式開發者。

關於本書

本書沒有對 OAuth 2 協定進行深入探討,但是本書討論的開放授權系統是基於 OAuth 2 來展開的。讀者如果了解 OAuth 2 協定,則可以很容易地跟進本書所闡述的內容。不過,即使不了解 OAuth 2 協定,也不用擔心,本書會在相關的章節中對每個流程進行介紹,因此讀者完全可以依靠本書來學習和了解 OAuth 2。

因為本書中的一些演算法範例使用的是 Java 程式,所以需要讀者具備一定的 Java 程式基礎。而最後一章使用 Spring Security 進行案例演示,因此需要讀者有一定的 Spring 相關的開發經驗。

下面對本書所覆蓋的內容進行簡單介紹。

第 1 章:針對 OAuth 2 所提供的四種授權模式進行了介紹,以便作為後續所有內容探討的基礎。

第 2 章:針對開放平臺整體架構和系統組成進行了簡單介紹,為讀者提供了一個開放平臺功能的巨觀概念,從而能更好地理解後續開放授權系統的功能實現。

第 3 章：基於實戰，對 OAuth 2 協定在開放授權系統實戰過程中的詳細流程和參數進行了介紹，同時對開放授權系統實戰過程中一些基於 OAuth 2 的四種授權模式的輕變種進行了詳細介紹。透過這些輕變種授權模式能更有效地支撐實際業務場景。

第 4 章：在上述所提到的各種實戰場景的授權模式中均預設整合了 OpenID。而 OpenID 本來是一種在 OAuth 2 上建構的帳號安全系統，不屬於 OAuth 2 的標準。之所以所有的實戰授權模式都預設整合 OpenID，是因為在開放平臺的環境下，OpenID 在相關業務中起著重要作用。由於要用到 OpenID，因此本書對 OpenID 的生成方案進行了詳細探討，提供了多種 OpenID 落地方案，供讀者根據自身業務場景和體量進行選擇。

第 5 章：四種授權模式中基於授權碼的授權模式是最為通用的，而在該模式下生成回呼位址和 code 是必不可少的一步，因此本章對如何生成回呼位址和 code 進行了詳細探討。

第 6 章：針對授權過程中用到的加密和簽名演算法進行了介紹。無論採用什麼授權模式，都要返回授權資訊。同時，在某些模式下，還會支援授權資訊刷新。

第 7 章：針對以上內容，本章探討了常用的不同類型的授權資訊，並對比了它們各自的優勢和劣勢，以便讀者可以根據實際情況在生產中進行選擇。

第 8 章：以 Spring Security 為基礎實現了 OAuth2 的四種標準授權模式的簡單程式範例。

目錄

第 4 章　OpenID 從理論到實戰

第 6 章 簽名

第 7 章 授權資訊

第 8 章　基於 Spring Security 的 OAuth 2 實戰

第 1 章

OAuth 2 概述

OAuth 2 為使用者資源的授權提供了一個開放、安全的標準,因此使用者在授權時不需要提供使用者名稱和密碼,就能授權第三方應用存取資源。OAuth 2 是 OAuth 協定的延續版本,不向下相容。本章首先介紹 OAuth 2 的定義,然後介紹 OAuth 2 提出的四種授權模式,包括隱式授權模式、授權碼授權模式、授信用戶端密碼模式,以及授信用戶端模式。

1.1 OAuth 2 的定義

1.1.1 官方定義

OAuth 2 是一個標準的授權協定，並以委派代理的方式進行授權。OAuth 2 提供一種協定互動框架，使第三方應用以安全的方式，獲得使用者的存取權杖（access_token）。第三方應用可以使用存取權杖代表使用者存取相關資源。OAuth 2 中定義了以下 4 種角色。

- 資源所有者：通常是自然人，但不限於自然人，如某些應用程式也會建立資源。資源所有者對資源擁有所有權。
- 資源伺服器：儲存受保護的使用者資源。
- 應用程式：準備存取使用者資源的程式，如 Web 應用、行動端應用或桌面可執行程式。
- 授權伺服器：在獲取使用者授權後，為應用程式頒發存取權杖，從而獲取使用者資源。

1.1.2 開放平臺中的定義

開放平臺的核心功能是將開放平臺所在系統（簡稱開放系統）的功能和資料暴露給第三方應用，從而實現能力共建的目標。有的功能和資料與開放系統的使用者無關，有的功能和資料與開放系統的使用者息息相關，主要包括以下兩種開放場景。

- 在第一種開放場景中，只有第三方應用和開放平臺參與。在這種場景下，開放系統需要對第三方應用進行驗證，從而明確對第三方應用開放功能和資料的範圍。
- 在第二種開放場景中，開放系統的使用者也參與其中。開放系統在驗證第三方應用的功能和資料的存取權限後，需要開放系統的使用者進行授權。只有開放系統的使用者授權後，開放平臺才能將對應的功能和資料開放給第三方應用。

在這兩種開放場景中，都將特定的功能和資料開放給第三方應用，因此 OAuth 2 定義了完整的互動流程，以便支撐這些開放能力的請求和授予。

在上述過程中，提到的關鍵角色包括開放平臺、開放系統的使用者和第三方應用，而兩個關鍵資訊包括功能和資料。

- 開放平臺：開放平臺服務於所依賴的開放系統，用於建立開放系統與第三方應用之間的溝通橋樑。
- 開放系統的使用者：開放系統所擁有的使用者，這些使用者使用開放系統所提供的某些功能。開放系統擁有這些使用者的相關資料和資料的操作能力。
- 第三方應用：除開放平臺企業之外的其他公司開發的應用。這些應用會在開放平臺申請帳號，並基於該帳號與開放平臺進行對接，最終透過開放平臺所開放的能力實現某些功能。

註：第三方應用和開放平臺不在同一家公司，無法共用開放平臺的帳號系統。

- 功能：開放系統提供的 API，透過開放平臺提供的第三方應用進行呼叫，通常為許可權套件的形式。第三方應用在對接開放平臺時，會申請相應的許可權套件，並且在由開放平臺的營運人員審核透過後，即可獲得相應的許可權套件。

註：通常許可權套件與 scope 許可權之間存在對應關係，一個 scope 許可權通常會對應一個或多個許可權套件。

- 資料：使用者在開放系統中的資訊，是使用者對外的唯一標識，包括暱稱、圖示、手機號碼、家庭住址和相關的業務資訊。在開放平臺中，用 scope 參數表示獲取資訊的範圍和申請的許可權。

註：在申請和授予許可權時，可以指定多個 scope 許可權。

◀ 1.2　OAuth 2 的四種授權模式

1.2.1　隱式授權模式

1・授權請求範例

步驟 1　隱式授權（Implicit Grant）模式引導使用者在登入頁面登入，在使用者登入成功後，透過授權系統將使用者的授權資訊回呼到第三方應用，在第三方應用拿到授權資訊後，便可呼叫開放能力。隱式授權請求如範例 1.1 所示。

```
https://example.OAuth.com/OAuth 2/authorize?client_id=
##&&redirect_url=##&&scope=##,##&&response_type=##
```

t 範例 1.1　隱式授權請求

注意
在這裡統一說明一下，範例中使用「##」代表一個參數值，後文均遵循該規則。

範例 1.1 中各參數的含義如下。

- client_id：第三方應用在開放平臺註冊完成後獲取的唯一標識。
- redirect_url：第三方應用在開放平臺註冊的回呼位址。
- scope：第三方應用的存取權限，一般由逗點分隔的多個字串組成。
- response_type：預設值為 token，即傳回授權的 token。

步驟 2　假設第三方應用設置的回呼位址為 https://example.com/callback，在第三方應用引導使用者發起步驟 1 後，會跳躍到使用者登入頁面。在使用者登入成功後，授權系統會生成 token，並透過第三方應用預設的回呼位址回呼到第三方應用。隱式授權回呼請求如範例 1.2 所示。

```
https://example.com/callback?access_token=ya29GAHES6ZSzX&token_
type=bearer&expires_in=3600
```

t 範例 1.2　隱式授權回呼請求

範例 1.2 中各參數的含義如下。

- https://example.com/callback：第三方應用預設的回呼位址，授權系統在授權成功後，會直接回呼到該位址。
- access_token：存取權杖，使用者授權的唯一憑證，可代表使用者呼叫授權的開放介面。
- token_type：token 的類型，一般為 bearer。該類型的 token 是一串字串，通常為一串十六進位形式的字串或 JWT（一種結構化的 token 表示方法）。還有一些其他類型，如 POP。隨著 HTTPS 協定的普及和簽名的使用，基本不再使用該類型的 token。
- expires_in：token 的過期時間，單位為秒。

2 · 系統互動流程

下面透過如圖 1-1 所示的隱式授權系統互動圖來進一步講解授權流程。

步驟 1　使用者存取第三方應用。

步驟 2　第三方應用引導使用者向授權系統發起授權請求，詳見範例 1.1。

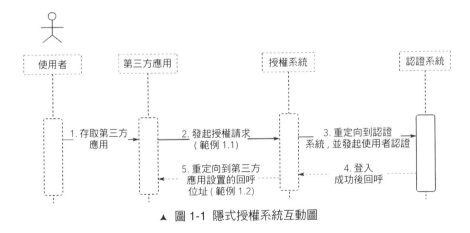

▲ 圖 1-1　隱式授權系統互動圖

步驟 3　授權系統進行初步驗證，驗證參數是否合法，如 client_id 是否存在，redirect_url 是否一致等。在驗證通過後，重定向到認證系統，並發起使用者認證。

步驟 4 　使用者在認證系統中成功登入後，會從認證系統回呼到授權系統。授權系統可以獲取使用者資訊，在進行必要的授權流程後，生成 access_token。

步驟 5 　授權系統重定向到第三方應用設置的回呼位址，詳見範例 1.2。

經驗

隱式授權模式安全性不高，在實際中應用不多，原因如下。

（1）在授權系統回呼到第三方應用（圖 1-1 的步驟 5）時，token 會直接作為參數在瀏覽器中顯示，有暴露 token 的風險。

（2）如果第三方應用所設置的回呼位址不是範例 1.2 中的 https 請求，而是普通的 http 請求，則會因為 http 的非加密傳輸，而帶來參數被攔截的風險。

（3）可能無法更新 token 的有效期，過期後只能重新授權。

1.2.2 授權碼授權模式

1·授權請求範例

　　授權碼授權（Authorization Code Grant）模式是一種應用廣泛、安全可靠的授權模式，前期的授權流程類似隱式授權模式，不同之處在於授權碼授權模式不再直接傳回 access_token，而是傳回有效期較短的 code。第三方應用在獲取 code 的請求後，在背景使用 code、client_id 和 client_secret，透過 HttpClient 發起 post 請求，從而獲取一個內容豐富的 token。具體的授權流程如下。

步驟 1 　獲取 code 的請求，如範例 1.3 所示。

```
https://example.OAuth.com/OAuth 2/authorize?client_id=###&response_type
=code&redirect_url=###&state=###&scope=##
```

t 範例 1.3 獲取 code 的請求

範例 1.3 中各參數的含義如下。

- client_id：第三方應用在開放平臺註冊完成後獲取的唯一標識。
- response_type：在授權碼授權模式中，該參數的值為 code。
- redirect_url：第三方應用在開放平臺註冊的回呼位址。
- state：由第三方應用指定，當授權系統回呼到第三方應用時，會在回呼請求中攜帶該參數值。在回呼到第三方應用時，授權系統會原封不動地將第三方應用傳遞的 state 參數回傳給第三方應用。

提示
第三方應用通常使用 state 參數進行驗證或冪等操作。

- scope：第三方應用的存取權限，一般由逗點分隔的多個字串組成。

步驟 2　假設回呼位址為 https://example.com/callback，第三方應用在引導使用者存取範例 1.3 後，會跳躍到登入頁面。在使用者登入成功後，授權系統會生成 code，並透過預設的回呼位址回呼到第三方應用。範例 1.4 所示為 code 回呼請求範例。

```
https://example.com/callback?state=##&code=##
```

t 範例 1.4 code 回呼請求範例

範例 1.4 中各參數的含義如下。

- https://example.com/callback：第三方應用預設的回呼位址，授權系統會直接回呼到該位址。
- state：在步驟 1 中由第三方應用傳入的參數，在回呼到第三方應用時會原封不動地回傳。
- code：步驟 1 請求的目標結果。第三方應用將使用 code 換取使用者授權的 access_token。

步驟 3　第三方應用在獲取 code 後，會在程式背景透過 HttpClient，主動發起請求，獲取使用者授權的 access_token。第三方應用建立的 access_token 請求如範例 1.5 所示。

```
https://example.OAuth.com/OAuth 2/access_token?client_id=
##&client_secret=##&code=#& grant_type=authorization_code
```

t 範例 1.5 access_token 請求

範例 1.5 中各參數的含義如下。

- client_id：第三方應用在開放平臺註冊完成後獲取的唯一標識。
- client_secret：第三方應用在開放平臺註冊完成後獲取的密碼。
- code：步驟 2 中獲取的 code 回呼請求。
- grant_type：OAuth 2 規定在授權碼授權模式下，該欄位的值為 authoriza-tion_code。授權系統會根據該欄位進行授權模式區分，即授權系統會根據該欄位辨識到當前模式為授權碼授權模式，從而執行該模式下必要參數的校驗和授權邏輯。

步驟 4 授權系統收到請求並進行驗證，在驗證通過後，會傳回如範例 1.6 所示的授權資訊給第三方應用。

```
{
  "access_token»:»ACCESS_TOKEN»,
  "expires_in":86400,
  "refresh_token»:»REFESH_TOKEN»,
  "refresh_expires_in":864000,
  "open_id»:»OPENID»,
  "scope»:»SCOPE»,
  "token_type»:»bearer»
}
```

t 範例 1.6 授權資訊

範例 1.6 中各參數的含義如下。

- access_token：存取權杖，是使用者授權的唯一憑證。使用此權杖存取開放平臺的閘道，從而獲取資料或呼叫功能。
- expires_in：token 的過期時間，單位為秒。
- refresh_token：更新 token，可對 access_token 進行續期。
- refresh_expires_in：更新 token 的有效時間，單位為秒。

- open_id：使用者在第三方應用的唯一標識。
- scope：第三方應用的存取權限，一般由逗點分隔的多個字串組成。
- token_type：access_token 的類型。

步驟 5　第三方應用在獲取資訊後，首先根據 open_id 將使用者綁定到系統中，然後使用 refresh_token 更新 access_token 的有效期。這是因為 open_id 可用於辨識使用者並儲存相關資訊，access_token 可呼叫使用者在開放平臺的相關資源。

由於第三方應用有更新 access_token 的需求，因此在授權碼授權模式下，授權系統為第三方應用提供更新 access_token 的介面。更新授權資訊請求如範例 1.7 所示。

```
https://example.OAuth.com/OAuth 2/refresh_token?client_id=
##&client_secret=##&grant_type=refresh_token&refresh_token=##
```

t 範例 1.7　更新授權資訊請求

範例 1.7 中各參數的含義如下。

- client_id：第三方應用在開放平臺註冊完成後獲取的唯一標識。
- client_secret：第三方應用在開放平臺註冊完成後獲取的密碼。
- grant_type：在更新 access_token 時，該欄位的值為 refresh_token，開放平臺會根據該欄位辨識出當前第三方應用正在發起更新 access_token 請求，從而進行更新 access_token 時的必要參數驗證，並在驗證通過後執行更新 access_token 的具體邏輯。
- refresh_token：範例 1.6 中獲取的 refresh_token。

第三方應用發起範例 1.7 的請求後，會得到與範例 1.6 類似的授權資訊，不過傳回的內容會不同，即可能生成新的 access_token 或使用原來的 token。不同的系統會有不同的策略，在後續章節中再繼續討論。

2．系統互動流程

前文透過獲取 code、獲取授權資訊和更新授權資訊這 3 個子流程介紹了授權的完整生命週期。授權碼授權模式的流程如圖 1-2 所示。

步驟 1 使用者存取第三方應用。

步驟 2 第三方應用引導使用者向授權系統發起獲取 code 的請求。

步驟 3 首先授權系統進行初步驗證,驗證參數是否合法,如 client_id 是否存在, redirect_url 是否一致等;然後重定向到認證系統,發起使用者認證。

步驟 4 使用者在認證系統中進行登入,登入成功後認證系統會回呼到授權系統。授權系統在獲取使用者資訊、進行必要的授權流程後生成 access_token。

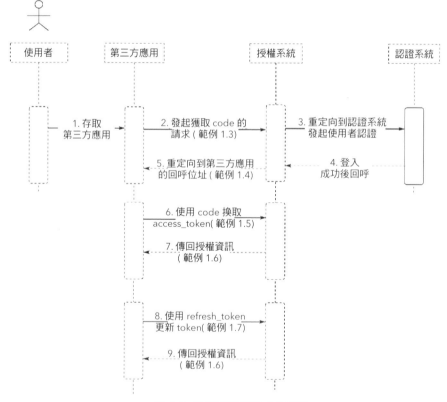

▲ 圖 1-2 授權碼授權模式的流程

步驟 5 授權系統重定向到第三方應用的回呼位址。

步驟 6 第三方應用在背景使用 code 換取使用者授權的 access_token。

步驟 7 授權系統傳回完整的授權資訊。

提示
自此已獲取使用者授權的 access_token 資訊,使用者可以呼叫相關介面實現相關業務。後續步驟為第三方應用透過更新 access_token 來維持 access_token 的有效性。

步驟 8 使用 refresh_token 更新 token。

步驟 9 授權系統向第三方應用傳回完整的授權資訊。

總結
授權碼授權模式是在實際工作中應用最多的授權模式,有以下優點。 • 可靈活設置 access_token 的過期時間,第三方應用可以根據需求來更新 access_token 的過期時間,從而滿足不同的業務需求。access_token 的有效期越長,對第三方應用的負擔越輕,同時安全性也越低。反之,access_token 的有效期越短,對第三方應用的負擔越重,同時安全性也越高。詳細內容在後文中有相關介紹。 • access_token 是第三方應用透過後端通道請求獲取的,不會展示在瀏覽器上。授權系統可以設置 https 服務,第三方應用會強制使用 https 獲取 access_token,確保資訊不被攔截。 • code 會展示在瀏覽器的 URL 中(見範例 1.4),這樣就把 code 暴露在了使用者可見的前端通道中,但 code 有效期短且只能使用一次,因此 code 需要配合 client_secret(第三方應用密碼,不會洩露給任何人)才能使用,確保了只有第三方應用才能使用 code 獲取授權資訊。

1.2.3 授信用戶端密碼模式

1 · 授權請求範例

授信用戶端密碼（Password Credentials Grant）模式一般用於共用使用者帳號系統的第三方應用進行授權的場景。舉例來說，母公司和子公司所開發的第三方應用共用使用者帳號系統。在該模式下，使用者在第三方應用中輸入使用者名稱和密碼後，第三方應用會直接使用使用者名稱和密碼資訊獲取授權資訊。

步驟 1　使用者直接在第三方應用登入，第三方應用在獲取使用者的使用者名稱和密碼後，建立如範例 1.8 所示的獲取授權資訊請求，從而獲取 access_token。

```
https://example.OAuth.com/OAuth 2/access_token?client_id=
##&client_secret=##&username=##&password=##& grant_type=password
```

t 範例 1.8 獲取授權資訊請求

範例 1.8 中各參數的含義如下。

- client_id：第三方應用在開放平臺註冊完成後獲取的唯一標識。
- client_secret：第三方應用在開放平臺註冊完成後獲取的密碼。
- username：使用者的使用者名稱。
- password：使用者的密碼。
- grant_type：OAuth 2 規定在授信用戶端密碼模式下，該欄位的值為 password，授權系統會根據該欄位進行必要參數的驗證，並在驗證通過後執行該場景下的授權流程。

步驟 2　授權系統在收到如範例 1.8 所示的請求後，會在系統的後端通道中呼叫認證伺服器進行使用者認證，並在認證成功後直接傳回如範例 1.6 所示的授權資訊。

2 · 系統互動流程

圖 1-3 所示為授信用戶端密碼模式的授權流程。

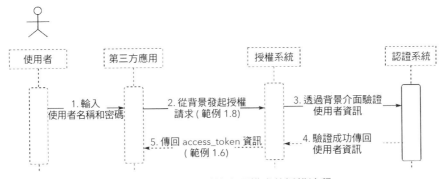

▲ 圖 1-3 授信用戶端密碼模式的授權流程

步驟 1 使用者存取第三方應用,並輸入使用者名稱和密碼。

步驟 2 第三方應用從背景向授權系統發起授權請求。

步驟 3 授權系統透過背景介面(一般是內部的 RPC 介面)驗證使用者資訊。

步驟 4 認證系統驗證成功後會傳回使用者的相關資訊。

步驟 5 授權系統向第三方應用傳回 access_token 資訊。

經驗

授信用戶端密碼模式會將使用者的認證資訊(使用者名稱和密碼)直接暴露給第三方應用,這表示開放平臺必須對該第三方應用完全信任,同時第三方應用需要有能力保障使用者的資訊安全。所以在實際工作中,該模式的使用場景一般為信任的第三方應用(包括子公司、KA 客戶等),應用場景較少。

1.2.4 授信用戶端模式

1·授權請求範例

授信用戶端(Client Credentials Grant)模式的標準模式常用於第三方應用直接存取開放平臺的場景,在這種場景下不需要使用者進行授權,而是由第三方應用直接發起授權,並獲取授權資訊。

授信用戶端模式在實際應用中有變種授信用戶端模式，主要用於自研應用的授權，即自研應用透過傳遞自身的 client_id 和 client_secret，獲取在建立應用時被賦予的所有權限。

注意
一般使用者在建立自研應用時會綁定自己的帳號，所以獲取的許可權為綁定帳號的許可權。

步驟 1　無論是標準授信用戶端模式還是變種授信用戶端模式，在進行授權時，發起的請求沒有任何區別，會直接建立如範例 1.9 所示的授權請求。

```
https://example.OAuth.com/OAuth 2/access_token?client_id=
##&client_secret=##&grant_type=client_credentials
```

t 範例 1.9　授信用戶端模式的授權請求

範例 1.9 中各參數的含義如下。

- client_id：第三方應用在開放平臺註冊完成後獲取的唯一標識。
- client_secret：第三方應用在開放平臺註冊完成後獲取的密碼。
- grant_type：OAuth 2 規定在標準授信用戶端模式下，該欄位的值為 client_credentials；在變種授信用戶端模式下，該欄位的值為 self_credentials。授權系統會根據該欄位進行場景必要參數的驗證，在驗證通過後執行相關流程。

步驟 2　授權系統收到請求後，根據 grant_type 進行後續流程。

- 如果 grant_type 為 client_credentials，則進行標準的授信用戶端模式的授權流程，即只傳回 access_token 資訊。標準授信用戶端模式的授權資訊如範例 1.10 所示。該模式傳回的 access_token 資訊，只能呼叫開放平臺所開放給第三方應用的、與使用者無關的能力。

```
{
  "access_token":"ACCESS_TOKEN",
  "expires_in":86400,
```

```
"scope":"SCOPE",
"token_type":"bearer"
}
```

t　範例 1.10　標準授信用戶端模式的授權資訊

- 如果 grant_type 為 self_credentials，則獲取綁定的使用者資訊並生成授權資訊，如範例 1.6 所示。

2．系統互動流程

下面透過圖 1-4 來介紹變種授信用戶端模式在 grant_type 為 self_credentials 時的授權流程。

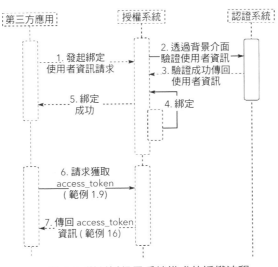

▲ 圖 1-4　變種授信用戶端模式的授權流程

在註冊成自研應用時，為第三方應用綁定使用者資訊。

步驟 1　第三方應用發起綁定使用者資訊請求。

步驟 2　授權系統透過背景介面驗證使用者資訊。

步驟 3　認證系統驗證成功後會傳回使用者的真實資訊。

步驟 4　在授權系統中綁定使用者資訊與應用資訊。

步驟 5 授權系統向第三方應用傳回綁定成功的資訊。

下面是第三方應用的授權流程。

步驟 6 第三方應用向授權系統請求獲取 access_token 資訊，詳見範例 1.9。

步驟 7 授權系統向第三方應用傳回 access_token 資訊，詳見範例 1.6。

標準授信用戶端模式的授權流程比較簡單，只需第三方應用直接發起如範例 1.9 所示的請求，此時 grant_type 為 client_credentials，即可直接獲取如範例 1.10 所示的授權資訊。

總結
關於四種授權模式的應用場景。 • 隱式授權模式由於存在安全問題，在工作實踐中應用較少。 • 授權碼授權模式基於前後端通道分離的方式，提供了很強的安全性，因此成為應用最為廣泛的授權模式。 • 授信用戶端密碼模式會直接暴露密碼給第三方應用，在使用該模式時要求第三方應用有良好的安全措施，並且是完全值得信任的夥伴，如子公司。 • 在 OAuth 2 所定義的授信用戶端模式（標準授信用戶端模式）中，主要是開放平臺將開放系統中與使用者無關的功能開放給第三方應用。在變種授信用戶端模式中，由於已經將開放系統的使用者與第三方應用進行了綁定，因此在進行授權時，可以獲取所綁定的使用者資料和相關功能。這種變種授信用戶端模式一般用於自研應用的授權場景。

第 2 章

開放平臺整體架構

OAuth 2 建構了一套基於 token 的許可權驗證標準框架，用來實現各種需要許可權驗證的系統。但是，即使基於同樣的框架，也能實現不同系統的個性化。本書主要介紹在開放平臺中如何實現 OAuth 2，並討論相關細節。

本書介紹的開放平臺主要由 API 閘道、SPI 閘道、訊息閘道、服務市場、授權系統、主控台系統、門戶系統、HUB 系統、CMS 系統、Man 系統、加解密系統等子系統組成，這些子系統負責對外或對內提供服務。授權系統是開放平臺中負責授權的重要子系統。授權系統需要結合其他系統才能進行授權操作，其他系統也會依賴授權系統的授權結果進行鑑權，所以有必要對開放平臺的整體架構進行基本介紹。

本章首先介紹開放平臺的結構和功能，然後具體介紹子系統的核心功能，最後介紹子系統之間的協作關係。

◀ 2.1　功能架構

從對使用者服務的角度，把開放平臺分為外部系統和內部系統，如圖 2-1 所示。

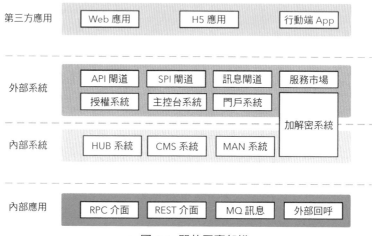

▲ 圖 2-1　開放平臺架構

- 外部系統服務於第三方應用，第三方應用程式開發者透過對接外部系統，將開發的 Web 應用、H5 應用或行動端 App 等應用與開放平臺連接。
- 內部系統可以分為兩類：一類負責管理、審核工作；另一類用來支援內部應用對外開放自身能力，這類內部系統，統一定義為內部應用。內部應用會將自身能力透過 RPC 介面、REST 介面、MQ 訊息和外部回呼等方式提供給開放平臺進行對外開放。
- API 閘道：第三方應用存取開放平臺中開放 API 的入口。內部應用會透過 HUB 系統，將內部的 RPC 介面或 REST 介面發佈到 API 閘道。有了相應的 API 後，首先第三方應用在主控台系統建立應用並申請 API 許可權（一般以許可權套件的形式進行包裝）後，就可以引導使用者進行授權；然後透過授權系統獲取使用者授權資訊；最後透過 HttpClient，或使用開放平臺提供的 SDK 請求 API 閘道實現業務功能。API 閘道會根據第三方應用傳遞的 token 資訊進行許可權驗證，如果 token 資訊驗證通過，則透過自身協定轉換到內部應用的 RPC 或 REST 介面，執行請求並傳回結果。

- SPI 閘道：與 API 閘道的作用相反，SPI 閘道提供了一種透過內部應用呼叫第三方應用介面的能力。首先內部使用者會在 HUB 系統中定義一套協定標準（包括方法名稱、入參、出參等）；然後第三方應用按照該協定標準實現 REST 介面，並透過主控台系統將介面綁定到對應協定標準下（此時需要有實現該標準的許可權）；最後內部應用會透過 SPI 閘道指定 client_id（第三方應用在開放平臺註冊完成後獲取的唯一標識）來呼叫第三方應用，從而實現內部應用呼叫第三方應用的需求。

- 訊息閘道：提供了一種格式統一的內部應用呼叫第三方應用介面的能力。內部應用首先需要在 HUB 系統中申請訊息閘道的佇列許可權和訊息類型 tag。在有佇列和 tag 後，就可以按照標準向佇列中發送訊息。系統規定了 msg_id、tag、data 分別標識了傳回的訊息 ID、訊息類型、訊息體。第三方應用透過在主控台申請訂閱相應的訊息，並將接收訊息的 REST 介面綁定到訂閱訊息後，以便接收訂閱訊息。第三方應用需要按照格式傳回購買成功或失敗。

- 服務市場：第三方應用程式開發者所開發的應用，提供售賣環境。當第三方應用完成與開放平臺的對接工作後，就可以申請在服務市場上架。上架後，需要使用該第三方應用的使用者便可進行購買。

- 授權系統：使用者獲取系統存取憑證的入口，也是本書重點講解的系統。

- 主控台系統：主要為第三方應用的開發者提供申請應用和管理應用的功能，是第三方應用的開發者在開放平臺中的「個人工作環境」。

- 門戶系統：主要介紹系統，並提供相關開放功能的對接文件，是開發者學習開放平臺相關知識和解決問題的主要系統。

- HUB 系統：內部應用對接開放平臺的主要系統。內部應用在該系統上發佈 API 供第三方應用呼叫，定義 SPI 介面對第三方應用進行回呼，發佈 MQ 訊息供第三方應用訂閱。

- CMS 系統：內容管理系統，主要用來管理門戶系統中的文章資訊。

- MAN 系統：供開放平臺營運人員使用的系統，可以在該系統中審核 HUB 系統內部使用者的申請，並提供開放平臺的管理功能。

- 加解密系統：一個比較特殊的系統，在系統內部和外部均會使用。在系統內部一般提供 RPC 介面供其他系統使用，在系統外部透過 API 閘道暴露對外介面，供第三方應用使用。該系統主要提供系統內部和外部之間的資訊加解密功能。

- 使用者登入認證系統：在圖 2-1 中，並沒有展示使用者登入認證系統。其原因是，使用者登入認證系統一般會由專職部門開發和管理，開放平臺只需進行對接即可。當然，這並不是強制標準，在實現了登入認證模組的開放平臺中，圖 2-1 的外部系統內容中，應該有使用者登入認證系統的一席之地。

2.2 API 閘道系統

2.2.1 API 整體架構

API 閘道是一種業務性的閘道，根據應用場景可分為 3 類：Open API 閘道、微服務閘道和 API 服務管理平臺。本書重點講解 Open API 閘道，即透過 REST 方式將企業自身的資料和能力對外開放的閘道。

API 閘道的實現方案有很多，大致可以分為以下 3 種類型。

- 基於 Nginx+Lua+OpenResty 的方案，如 Kong 和 Orange。
- 基於 Netty 的方案。由於 Netty 只是一個提供多工和非阻塞特性的 Socket 開發框架，所以選用 Netty 方案的公司，都會在 Netty 的基礎上，透過延伸開發來研發閘道系統。
- 基於 Java Servlet 的方案。通常將開發普通的 Web 應用作為閘道，如 Zuul。

經驗
因為前兩種是非同步非阻塞的方案，所以與前兩種方案相比，基於 Java Servlet 的方案並不高效。不過隨著 Java Servlet 3.1 引入非同步非阻塞後，該方案也成為一個簡單可行的選擇。

本書介紹的開放平臺就使用的是基於 Java Servlet 3.1 的方案，並能充分利用 Servlet 非同步非阻塞的特性。圖 2-2 所示為 API 閘道的整體架構。

在 Nginx 層，基於公司提供的基礎網路防護功能和 Nginx+Lua 指令稿，閘道可以實現基礎的限流和安全防護功能。在 Servlet 層使用 Servlet 非同步，並透過 pipeline 的方式靈活組織業務。在存取後端應用時，若在 REST 場景下，則使用 HttpClient 4 的非同步呼叫請求；若在 RPC 場景下，則使用公司自研的非同步呼叫請求框架進一步增加輸送量。

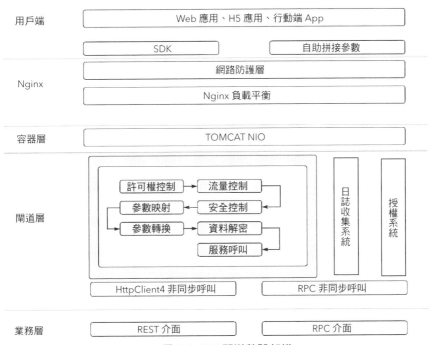

▲ 圖 2-2 API 閘道整體架構

2.2.2 API 閘道與授權系統的關係

從圖 2-2 中可以看到，閘道需要進行「許可權控制」，即鑑權操作。使用者在呼叫 API 閘道進行存取請求時，一般會建立如範例 2.1 所示的 API 閘道請求。

```
https://api.example.com/routerjson?access_token=##&client_id=##&method=
##&v=##&sign=##&param_json=##&timestamp=##
```

t 範例 2.1 API 閘道請求

範例 2.1 中各參數的含義如下。

- access_token：透過授權系統進行授權後得到的 token，即範例 1.6 中的 access_token。
- client_id：第三方應用在開放平臺註冊完成後獲取的唯一標識。
- method：本次請求要呼叫的方法。
- v：本次請求要呼叫方法的版本。
- sign：對所有參數排序後，使用摘要演算法（如 MD5 演算法和 SHA-1 演算法）生成的簽名。服務端會對簽名進行驗證。
- param_json：呼叫方法時傳遞的參數，該參數一般不出現在 URL 中，而是出現在請求本體內，即以 POST 方法提交。
- timestamp：請求的時間戳記。伺服器端會對時間戳記進行驗證，如果時間相差太大，則拒絕呼叫。

API 閘道在收到請求後，會根據 access_token 和 client_id 請求授權系統進行鑑權操作。這種操作一般透過內部的 RPC 框架進行呼叫。授權系統需要根據 access_token 和 client_id 驗證 access_token 是否合法、是否在有效期內等資訊。如果驗證通過，則要向 API 閘道傳回具體的授權資訊。

2.3 主控台系統

2.3.1 功能概述

主控台系統是第三方應用程式開發者的操作中心。

- 建立並管理第三方應用的基礎資訊，如第三方應用的 client_id、client_secret、回呼位址、IP 位址白名單等。
- 為第三方應用申請許可權套件。許可權套件對應著一組 API 的呼叫許可權，一個許可權套件會根據需求被劃分到多個 scope 許可權中（也就是說，scope 許可權之間可以有許可權重疊的現象）。
- 為第三方應用申請流量包。流量包一般綁定在具體的 API 上，初始的流量包可能只能滿足最基本的需求。若第三方應用有額外需求，則需要提交申請來提升流量。流量包有多種規格，部分流量包可能會收費。

- 下載 SDK。一般開放平臺為了方便第三方應用連線，會提供相應的 SDK 封裝底層授權，同時提供 API 呼叫邏輯。
- 對第三方應用的生命週期進行管理，包括上線、下線、刪除等。
- 為第三方應用的操作中心提供訊息訂閱、SPI 註冊等功能。

2.3.2 主控台系統與授權系統的關係

- 授權系統在進行授權時，必然要驗證請求參數的正確性。舉例來說，client_id、client_secret、redirect_url 等資訊的有效性，這些資訊都儲存在主控台系統中。
- 為了保護開放平臺的安全，一般授權系統會強制要求第三方應用在主控台系統中設定 IP 位址白名單。這樣一來，授權系統在進行授權時，會驗證請求的用戶端是否在白名單中。
- 第三方應用在授權時，需要上傳一組 Scope 參數列表，用來表示需要使用者授權的範圍。在收到請求後，授權系統會取主控台系統中該第三方應用設定的許可權套件與收到的 Scope 參數列表所對應的許可權套件的交集，作為展示給使用者的授權列表，明確告知使用者會將哪些許可權授權給第三方應用。如果使用者同意授權，則第三方應用可以獲得 API 操作能力和使用者資訊獲取能力。

2.4 服務市場

對接開放平臺的第三方應用一般有兩類：一類是自研型應用，即只供自身帳號使用的應用；另一類是售賣型應用，會定價並發佈到服務市場供其他使用者購買後使用。

服務市場為售賣型應用提供售賣場所。第三方應用的開發者將基於開放平臺所開發的第三方應用在服務市場中上架售賣，開放平臺的使用者可以購買適合自己的第三方應用。

授權系統在進行授權時，會生成如範例 1.6 所示的 access_token。access_token 有過期時間，且過期時間沒有具體標準，有的幾個小時，有的長達幾天。針對售賣型應用最終生成的 access_token，需要考慮使用者購買應用的有效期。如果正在授權的應用是售賣型應用，則授權系統在授權時會呼叫服務市場，從而獲取當前使用者購買應用的有效期。如果使用者沒有購買過該應用，則直接拒絕授權；如果應用在有效期內，則 access_token 的有效期會被設置為系統預設有效期和剩餘購買有效期中的較小值。

售賣型應用擁有兩種授權方式：一種是由第三方應用引導使用者進行授權；另一種是外掛程式化授權模式實現。使用者在授權時，直接在服務市場內按一下授權，此時服務市場已獲取使用者的登入狀態，只需使用者直接同意授權即可，無須再次登入。

第 3 章

實戰中的授權模式

　　在實踐過程中，會使用授權碼授權模式、授信用戶端密碼模式、授信用戶端模式等授權模式，同時演變出使用者名稱密碼授權碼授權模式和外掛程式化授權模式。本章會詳細介紹這些授權模式所適合的授權場景和基於這些授權模式的變種模式。

◖3.1 授權碼授權模式的應用

授權碼授權模式是應用廣泛且安全性較高的授權模式，其具體流程和優勢已經在第 2 章中進行了詳細介紹，這裡不再贅述。現在具體討論授權碼授權模式在實戰中的實現細節，主要包括獲取 code、獲取授權資訊和更新授權資訊 3 部分。

3.1.1 獲取 code

步驟 1 存取第三方應用，對應圖 1-2 的第 1 步和第 2 步，透過直接存取網址或從某個頁面按一下超連結進行跳躍。授權碼請求連結如範例 3.1 所示。

```
https://example.OAuth.com/OAuth 2/authorize?client_id=
##&response_type= code&redirect_url=##&state=##&scope=##
```

t 範例 3.1 授權碼請求連結

授權系統在收到請求後，會根據第三方應用在主控台系統中儲存的資訊，進行 client_id、redirect_url 及 IP 網路址白名單驗證。如果驗證通過，則會進一步對 scope 參數所傳遞的許可權列表進行過濾，過濾掉那些第三方應用還沒有開通的許可權和無效許可權。過濾後的許可權列表將顯示給使用者，讓使用者明確自己的授權範圍。

步驟 2 跳躍到登入頁面，通知使用者進行登入授權，對應圖 1-2 的步驟 3 和步驟 4。

在實際工作中，有兩種方式可以實現此步驟的內容。

1·方式一

由授權系統實現登入功能，在收到如範例 3.1 所示的請求後，將請求中的參數和步驟 1 獲取的授權提示訊息存放在請求域中，並使用 forward 的方式，將請求重定向到登入頁面即可。使用者在頁面顯示登入成功後，由於在同一個系統中，因此不需要進行圖 1-2 的步驟 4，即可直接使用獲取的使用者資訊進行下一步操作。

經驗

此方式實現起來比較簡單，不需要依賴外部系統進行使用者登入驗證，但是也存在以下缺點。

- 要架設一個可用的、安全的登入系統並非易事，必須具有防指令稿攻擊、儲存與維護使用者資訊、多端適應等功能，因此系統需要付出很大的成本。
- 在大型公司中，一般會有專門負責研發和維護使用者登入認證系統的團隊，整個公司都會對接該團隊所提供的使用者登入功能來完成業務需求。重新開發一套使用者登入認證系統，不但是在重複「造輪子」，而且需要相容已有的帳號系統。

2 · 方式二

由相關協作部門實現登入功能。首先授權系統會將獲取的參數資訊進行持久化；然後授權系統發送登入請求到登入系統；最後在使用者完成登入後，登入系統會回呼到授權系統。下面詳細介紹實現步驟。

1）持久化參數

授權系統為了能在使用者完成登入後，使用獲取到的登入態來生成 code，需要將請求參數基於 key-value 的形式進行持久化，其中 key 會傳遞給登入系統，登入系統在回呼授權系統時，會進行回傳，從而實現使用者授權與參數資訊相對應。

基於 key-value 的持久化方案有很多，這裡以 Redis 為例。授權系統首先生成一個 UUID 作為 key，然後將相關參數轉為 JSON 格式後儲存在 Redis 中。持久化格式如範例 3.2 所示。

```
key:58af2482-45c4-47b7-9080-fed2ac868627
value:
{
    "client_id":"7c6bdb6a3f1049b893a4a6294e241110",
    "redirect_url":"https://www.example.com",
    "response_type":"code",
```

```
    "scope":"base_info,shop_operate",
    "state":"my_sate"
}
```

t 範例 3.2 持久化格式

在上述範例中會指定過期時間（一般為 5 分鐘）。也就是說，如果使用者在指定時間內沒有完成登入操作，則需要重新開始整個授權流程。這樣可以簡化授權系統的快取管理，保障快取中不會存在大量的垃圾資料。

2）發送請求到登入系統

登入系統需要專門為授權系統提供登入場景，即需要訂製化開發。其根本原因是授權系統在使用者登入時，需要在登入頁使用者展示許可權列表和授權導向的第三方應用資訊，並在使用者完成授權後，將頁面請求重定向到授權系統。

授權系統會建立如範例 3.3 所示的引導使用者登入請求。

```
https://passport.OAuth.com/OAuth/login?nls=##&redirect_url=
https%3A%2F%2Fexample.OAuth.com%2FOAuth 2%2Fcode%3FsessionToken%3
Duuid&client_name=##&client_img=##&signature=##&terms=##,##,##
```

t 範例 3.3 引導使用者登入請求

範例 3.3 中各參數的含義如下。

- nls：用於控制在跳躍到登入頁面後，是否強制進行登入。如果 nls 為 1，則使用者每次跳躍到登入頁面時，即使已有登入態，依然需要按一下「登入」按鈕進行登入；如果 nls 為 0，則使用者跳躍到登入頁面後，無須再進行任何操作，直接進行後續操作即可。該參數允許使用者更換帳號。

- redirect_url：登入成功後的回呼位址，會被設置為回呼位址經過 UrlEncode 演算法編碼過的值，即 https://example.OAuth.com/OAuth 2/code?sessionToken=uuid 使用 UrlEncode 演算法進行編碼後的值。其中，sessionToken 的值是一個 UUID，對應範例 3.2 中的 key 值。登入系統會在登入成功後，將使用者態寫入瀏覽器，並根據該 redirect_url 回呼到授權系統。

- client_name：第三方應用在註冊主控台系統時設置的應用名稱，在頁面展示時使用。

- client_img：第三方應用在註冊主控台系統時設置的應用圖示，在頁面展示時使用。
- signature：所有參數自然排序後的簽名，用來進行簽名驗證。
- terms：最終展示給授權使用者的授權範圍列表。terms 是第三方應用所擁有的許可權列表與 scope 參數列表取交集後產生的結果。

在如圖 3-1 所示的使用者登入頁面中，透過 client_img、client_name 和 terms 明確告知當前授權使用者向誰授予何種許可權。

3）回呼授權系統

在使用者成功登入後，首先登入系統會在瀏覽器的 cookie 中存入使用者登入態，然後登入系統會透過 redirect_url 回呼到授權系統。授權系統會對接登入系統的攔截器，所以在收到登入系統回呼後，授權系統不僅能獲取使用者登入態，還能透過 sessionToken 獲取快取的第三方應用資訊，從而進行下一步的授權操作。

▲ 圖 3-1　使用者登入頁面

注意

sessionToken 只能使用一次。一般透過 sessionToken 獲取快取的第三方應用資訊後，就會刪除快取，這樣可以提高登入系統的安全性。

步驟 3 生成 code 並回呼，對應圖 1-2 的步驟 5。

此時，授權系統已獲取使用者資訊，接著會生成隨機的 code。在將使用者資訊和範例 3.2 中的資訊結合後，以 key-value 的方式進行 Redis 持久化，並將過期時間設置為 5 分鐘。code 快取資訊如範例 3.4 所示。

```
value:
{
    "client_id":"7c6bdb6a3f1049b893a4a6294e241110",
    "redirect_url":"https://www.example.com",
    "response_type":"code",
    "scope":"base_info,shop_operate",
    "state":"my_sate",
    "pin":"fake_pin",
    "shop_id":"fake_shop"
}
```

t 範例 3.4 code 快取資訊

key：這裡為 code。code 的格式有很多，在後文中將詳細探討。

範例 3.4 在範例 3.2 的基礎上，增加了 pin 和 shop_id 兩個使用者資訊，便於獲取下一步的 access_token。

在生成以上資料後，授權系統建立如範例 3.5 所示的回呼位址，並重定向到第三方應用。

```
https://example.com/callback?state=##&code=##
```

t 範例 3.5 code 回呼位址

3.1.2 獲取授權資訊

在 3.1.1 節中已獲取了 code，本小節將使用 code 獲取 access_token，對應圖 1-2 的步驟 6 和步驟 7。

第三方應用接收範例 3.5 的回呼請求後，會驗證 state 欄位是否為第三方應用所指定的值。最簡單的驗證方式是，當第三方應用發送獲取 code 的請求時，在 Redis 快取中存放一個 state 值；當第三方應用收到回呼請求後，在 Redis 快取中查詢回呼請求中的 state 值。如果沒有查詢到對應值，則說明收到的回呼請求是非法請求，不執行後續流程；否則需要從 Redis 快取中清除 state 值，並執行後續流程。

注意
在 Redis 快取中沒查詢到 state 值的情況，有以下 3 種。 • state 從未被放入 Redis 快取中，證明回呼請求是駭客攻擊。 • state 被放入 Redis 快取中，但 state 已過期、失效。在這種情況下，授權系統沒有在有效時間內進行回呼請求，這說明在請求過程中出現了網路異常，或使用者未能在規定時間內進行授權。這時的回呼已經沒有任何意義，第三方應用需要拒絕該請求。 • state 被放入 Redis 快取中，但被其他有效回呼請求消費並刪除。這種情況可能是由網路抖動導致的授權系統重試。這時回呼操作沒有意義，第三方應用需要拒絕該回呼，以便保證回呼介面冪等性。

在驗證 state 值後，第三方應用需要在背景建立請求，從而獲取 access_token 資訊。獲取授權資訊請求如範例 3.6 所示。

```
https://example.OAuth.com/OAuth 2/access_token?client_id=
##&client_secret=##&code=#& grant_type=authorization_code
```

t 範例 3.6 獲取授權資訊請求

範例 3.6 中的 code 是從範例 3.5 中獲取的。client_id 是第三方應用的唯一 ID，client_secret 是第三方應用的密碼。因此，client_id 和 client_secret 是第三方應用程式開發者在主控台系統中申請的唯一 ID 和密碼。

授權系統在收到如範例 3.6 所示的請求後，會驗證 client_id 和 client_secret 是否正確，code 所對應的授權資訊是否存在。

獲取 code 對應的快取資訊後，該快取資訊就會被刪除。使用 code 對應的快取資訊可以生成 access_token，此時一個 code 只能使用一次。在生成 access_token 時，傳回第三方應用的授權資訊，如範例 3.7 所示。

```
{
  "access_token":"ACCESS_TOKEN",
  "expires_in":86400,
  "refresh_token":"REFESH_TOKEN",
  "refresh_expires_in":864000,
  "open_id":"OPENID",
  "scope":"SCOPE",
  "token_type":"bearer"
}
```

t 範例 3.7 授權資訊

　　如果在授權系統中存在使用者對第三方應用的有效授權資訊，則授權系統不會重複執行生成 access_token 的邏輯，而會直接查詢如範例 3.7 所示的授權資訊，並傳回給第三方應用。

　　如果不存在有效的授權資訊，則授權系統會隨機生成以下資訊。

- access_token 和 refresh_token：最簡單的生成方式是直接使用 UUID。
- access_token 的過期時間：該過期時間的長短由授權系統在業務場景中決定。
- refresh_token 的過期時間：refresh_token 的過期時間一般為 access_token 過期時間的 2 ～ 3 倍。
- open_id：系統使用者針對第三方應用會生成唯一標識，也是使用者在第三方應用中的唯一標識。也就是說，當第三方應用將 open_id 和 client_id 傳入授權系統時，授權系統能定位系統內部的唯一使用者。如果確定系統的唯一使用者和第三方應用的 client_id，則授權系統能生成唯一的 open_id。

　　為了支撐業務，授權系統在生成 access_token 時，也會儲存相應資訊。範例 3.8 所示為一些必要的業務支撐資訊，不同授權系統可以根據不同業務場景，增加需要儲存的資訊。

```
{
  "clientId":"CLIENT_ID",
  "clientSecret":"CLIENT_SECRET",
  "authPackages":"PACK1,PACK2,PACK3,PACK4",
```

```
    "accessToken":"ACCESS_TOKEN",
    "expiresIn":86400,
    "expireTime":1663603199787,
    "refreshToken":"REFESH_TOKEN",
    "refreshExpiresIn":864000,
    "refreshExpireTime":1663609199787,
    "openId":"OPEN_ID",
    "userId":"USER_ID"
}
```

↟ 範例 3.8 業務支撐資訊

範例 3.8 中各欄位的含義如下。

- clientId 和 clientSecret：第三方應用的唯一標識和密碼。
- authPackages：在授權時，對 scope 許可權和第三方應用所擁有的許可權套件取交集後，得到許可權套件列表，用於控制 access_token 的存取權限。
- accessToken：生成有效的 accessToken。
- expiresIn 和 expireTime：均為 access_token 過期時間，其中 expiresIn 是指 access_token 的有效時間，以秒為單位；expireTime 是指 access_token 的失效時間戳記，以毫秒為單位。
- refreshToken：供第三方應用更新 access_token 的 token。
- refreshExpiresIn 和 refreshExpireTime：均為 refresh_token 的過期時間，其中 refreshExpiresIn 是指 refresh_token 的有效時間，以秒為單位；refreshExpireTime 是指 refresh_token 的失效時間戳記，以毫秒為單位。
- openId：系統使用者在第三方應用中的唯一標識。要根據 OpenID 的實現方案決定是否儲存該欄位。
- userId：系統使用者的唯一帳號。

範例 3.8 中的資料通常會儲存在資料庫中。為了支撐業務，會將資料進行異質處理，在 Redis 等資料庫中進行快取。快取的資料一般會包括以下幾種。

- 以 access_token 為 key，快取範例 3.8 中的資訊，並將過期時間設置為 access_token 的過期時間，用於支撐 token 的許可權驗證。由於呼叫任何開放 API 都需要進行鑑權操作，所以鑑權介面呼叫量一般較大。

- 以 refresh_token 為 key，快取範例 3.8 中的資訊，並將過期時間設置為 refresh_token 的過期時間，用於支撐 access_token 更新。
- 以 OpenID 為 key，快取範例 3.8 中的資訊，用於查詢特定的第三方應用是否有使用者的授權資訊。

3.1.3　更新授權資訊

本小節主要講解使用 refresh_token 更新授權資訊的相關操作，對應圖 1-2 的步驟 8 和步驟 9。第三方應用會建構如範例 3.9 所示的授權資訊更新請求，用於存取授權系統並更新授權資訊。

```
https://example.OAuth.com/OAuth 2/refresh_token?client_id=
##&client_secret=##&grant_type=refresh_token&refresh_token=##
```

t 範例 3.9　授權資訊更新請求

為了確保系統安全，access_token 有過期時間，且授權系統會傳回 refresh_token 供第三方應用更新 access_token。refresh_token 本身也有過期時間，如果 refresh_token 已過期，則第三方應用只能引導使用者再次進行授權，獲取新的 access_token 進行請求。

更新 access_token 的策略沒有統一標準，主要依賴於授權系統對自身業務的理解。常見的更新方式有以下幾種。

- 每次更新 access_token 時，都生成新的 access_token，並設置原有 access_token 的過期時間為一個很短的時間，如一分鐘。這樣可以確保在新舊交替的過程中，即使有使用舊 access_token 的請求，也能順利執行。
- 每次更新 access_token 時，都重置 access_token 的過期時間，其他資訊保持不變。
- 將 access_token 的時間分成多個時間段，並且不同的時間段，在更新 access_token 時會有不同的反應。舉例來說，將 access_token 的有效時間期平均分為前期和後期。如果在前期收到更新請求，則直接延長 access_token 有效期；如果在後期收到更新請求，則生成新的 access_token。

經驗
上述 3 種 access_token 的更新方式各有優劣。舉例來說，第二種更新方式看起來比較危險，因為 access_token 一直更新，一直不變化，所以容易在長期請求過程中，導致 access_token 洩露。但是，第二種更新方式對於第三方應用比較親和，在完成更新 access_token 的請求後，只需修改過期時間，其他資料都不會發生變化。第一種更新方式每次都會生成新的 access_token，實現成本和對接成本較高，但可以提高安全性。

除此之外，access_token 的更新操作有次數限制，如每天 20 次或每月 100 次，不同的授權系統根據自身業務訂製合適的策略即可。

3.2 使用者名稱密碼授權碼授權模式的應用

目前，很多大型公司都在進行 SaaS（Software-as-a-Service）改造。為了節省成本，可以重複使用已有的能力，對系統進行多租戶改造，對外提供通用的背景能力。不同租戶會在 SaaS 能力的基礎上，實現自身 SOA 層，封裝底層系統提供的背景通用能力，基於封裝的通用能力實現自身特定業務。舉例來說，使用自訂登入頁面。

本書根據實際業務場景，建立了使用者名稱密碼授權碼授權模式。在如圖 3-2 所示的使用者名稱密碼授權碼授權模式的系統互動圖中，展示了獲取 code 的整體流程。

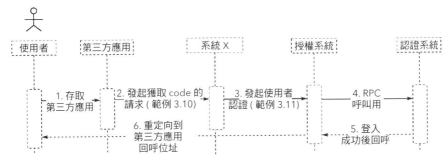

▲ 圖 3-2 使用者名稱密碼授權碼授權模式的系統互動圖

假設現有某個業務系統中的獨立系統 X。系統 X 已有一套完整的開放平臺，如果要增加一些訂製化需求，但這些訂製化需求使用當前開放平臺無法滿足，則需要系統 X 對接開放平臺，並透過 SOA 層包裝，實現一套完整的開放平臺。此時，系統 X 可以將自身能力開放給第三方應用，從而實現各種系統功能。

作為第三方應用的開發者，如果要進行開放能力對接，則首先會在主控台子系統中建立第三方應用帳號並完善相關資訊，獲取 client_id、client_secret、redirect_url、許可權套件等必要資訊。在建立第三方應用後，即可進行授權操作。具體授權流程如下。

步驟 1 第三方應用引導使用者進行授權登入。

第三方應用透過建立如範例 3.10 所示的請求，引導使用者進行授權登入。

```
https://x.OAuth.com/OAuth 2/authorize?client_id=##&response_type=
code&redirect_url=##&state=##&scope=##
```

t 範例 3.10 第三方應用引導使用者登入的請求

範例 3.10 中的參數將 URL 位址改成 https://x.OAuth.com/OAuth 2/authorize，是因為這個位址是系統 X 的位址，頁面樣式和展示內容由系統 X 自訂和實現。

注意
系統 X 從零開始實現登入頁面並非易事，需要考慮到各種安全因素，如驗證碼措施和防指令稿攻擊措施等。所以，系統 X 在自己進行授權頁面時，就需要承擔相關的安全責任。

在收到如範例 3.10 所示的請求後，系統 X 會呼叫通用能力驗證參數，並獲取如圖 3-1 所示的登入頁面，展示需要的相關資訊，最終返回如圖 3-1 所示的登入頁面。

步驟 2 透過使用者名稱和密碼獲取 code。

當使用者在系統 X 的登入頁面中輸入使用者名稱和密碼並按一下「登入」按鈕後，系統 X 會在系統背景透過 HttpClient 的方式建立如範例 3.11 所示的請求，並從授權系統中獲取 code。

```
https://example.OAuth.com/OAuth 2/authorize/password?client_id=
##&response_type=code&redirect_url=##&state=##&scope=##,##&tenant=##
&username=## &password=##
```

t 範例 3.11　獲取 code 的請求

範例 3.11 中各參數的含義如下。

- client_id：系統 X 的第三方應用在開放平臺中的唯一標識。
- response_type：預設填寫 code，表示當前需要獲取 code。
- redirect_url：用於接收開放平臺的 code 回呼請求，由第三方應用管理員透過系統 X 的開放平臺的主控台子系統進行設定。
- state：第三方應用在發起範例 3.10 的請求時傳遞的值。
- scope：第三方應用在發起範例 3.10 的請求時，傳遞的值成為經過系統 X 過濾後的合法值。
- tenant：系統 X 在申請使用通用能力時，從開放平臺獲取的唯一租戶編碼。系統 X 下的所有第三方應用都屬於該租戶，因此授權系統會根據 tenant 驗證 client_id 是否屬於發起呼叫的租戶。
- username：使用者在系統 X 登入時填寫的使用者名稱。
- password：使用者在系統 X 登入時填寫的密碼。

提示
username 和 password 一般不會以明文的方式傳遞。在系統 X 對接租戶時，會生成加密 username 和 password 的金鑰對。

步驟 3　授權系統生成 code。

授權系統在收到如範例 3.11 所示的請求後，會進行必要的驗證操作，包括 client_id 的有效性、tenant 的有效性、client_id 與 tenant 是否對應、client_id 與 redirect_url 是否對應等。

驗證完成後，首先會解密 username 和 password；然後使用解密後的 username

和 password，透過 RPC 呼叫進行使用者登入驗證，從而獲取登入使用者資訊。

提示
這裡假設登入系統由統一的協作部門完成，如果授權系統自身可以實現登入驗證功能，就將 RPC 呼叫改成本地呼叫。

生成 code 的細節在 3.1 節中已詳細介紹，這裡不再贅述。在生成 code 後，授權系統直接回呼到第三方應用。第三方應用在獲取 code 後，可以按照 3.1 節中獲取 access_token 和更新 access_token 的流程進行後續操作。

3.3 授信用戶端密碼模式的應用

如果可以信任第三方應用，則可以使用授信用戶端密碼模式。因為該模式會將客戶的使用者名稱和密碼完全暴露給第三方應用，所以第三方應用一般是子公司或合作夥伴。這種授權模式的應用場景較少。

在 1.2.3 節中大致介紹了這種授權模式的授權流程，本小節會對流程中的操作進行詳細說明。

步驟 1 獲取使用者資訊。

為了完成登入操作，使用者會在第三方應用中輸入使用者名稱和密碼（詳見圖 1-3）。

注意
使用者在第三方應用提供的登入頁面中進行登入操作，因為第三方應用能獲取使用者的使用者名稱和密碼，所以第三方應用必須確定使用者的資訊安全。

步驟 2 獲取使用者授權資訊。

第三方應用在獲取使用者的使用者名稱和密碼後，在背景透過 HttpClient 建立如範例 3.12 所示的請求，以便從授權系統中獲取 access_token。

```
https://example.OAuth.com/OAuth 2/access_token?client_id=
##&client_secret=##&username=##&password=##& grant_type=
password&scope=##
```

t 範例 3.12 獲取 access_token 請求

範例 3.12 中的 username 和 password 不會使用明文傳遞，這是因為開放平臺會生成金鑰對，對 username 和 password 進行加解密。第三方應用從開放平臺的主控台子系統中獲取金鑰。

授權系統在收到範例 3.12 的請求後，首先會進行必要的驗證，然後按照 3.1 節中的 access_token 生成流程來生成 access_token。第三方應用在獲取 access_token 後，也會按照 3.1 節中的方式來使用和更新 access_token。

3.4 授信用戶端模式的應用

3.4.1 標準授信用戶端模式

標準授信用戶端模式只有第三方應用和開放平臺參與，並沒有開放平臺所在系統的使用者參與。該授權模式最原始的使用場景為：開放平臺所在系統透過開放平臺暴露出不屬於任何使用者的公共資源。舉例來說，一個大型部落格系統的首頁目錄不屬於任何使用者，第三方應用想要存取該公共資源，可以使用授信用戶端模式獲取 access_token，從而得到存取公共資源的能力。

這種授權模式類似於普通的使用者名稱和密碼登入模型，第三方應用作為系統使用者，輸入使用者名稱（client_id）和使用者密碼（client_secret），獲取 access_token 進行系統存取。scope 中規定的資源操作許可權可以看作使用者的角色許可權。在實際場景中，該授權模式的應用較為簡單，這裡不進行深入討論。

3.4.2　自研應用

自研應用是一種特殊的第三方應用，開發自研應用不是為了將其投放到服務市場，供其他人使用。自研應用的開發者就是其使用者。

下面舉一個例子說明自研應用。有 3 個角色，分別是商場系統、商場系統的開放平臺和在商場系統中的店鋪使用者。

商場系統透過開放平臺，將自身的一些能力變為開放 API，供第三方應用進行功能擴充，共同為商場的店鋪使用者提供更加豐富、實用的功能。

在通常情況下，一個第三方應用在基於開放平臺所開放的 API 開發出特定功能後，會將該應用發佈到服務市場，使商場系統中的店鋪使用者可以在服務市場上購買該第三方應用。商場系統中的店鋪使用者在購買該第三方應用後，透過 code 授權模式，將自己的許可權授權給第三方應用，便可以使用該第三方應用所開發的特定功能來完成自身業務需求。

然而，有的店鋪使用者體量較大，如大型超市。這個店鋪使用者有自己的研發團隊，希望透過開放 API，為自身開發訂製的功能，以這種目標進行開發的應用就是自研應用。

整體來看，自研應用不對外發佈，只為自身使用者提供服務。這裡的「自身使用者」一般只有一個使用者，或是一群組使用者，如上面的例子中，使用者可能會開多個店鋪，這些店鋪會基於同一個自研應用來實現自身業務需求。

3.4.3　自研授信用戶端授權

以只有一個使用者的自研應用為例，詳細介紹自研授信用戶端模式的流程（詳見圖 1-4）。

步驟 1　使用者綁定。

由於第三方應用是自研應用，使用者既擁有開放系統的帳號資訊，又擁有第三方應用的認證資訊（如 client_id、client_secret 等），所以使用者可以將第三方應用和使用者的關係進行綁定。

第三方應用透過授權系統發起綁定使用者請求，如範例 3.13 所示。

```
https://example.OAuth.com/OAuth 2/binding?client_id=
##&client_secret=##&username=##&password=##
```

t 範例 3.13 綁定使用者請求

範例 3.13 中各參數的含義如下。

- client_id：第三方應用在開放平臺註冊完成後獲取的唯一標識。
- client_secret：第三方應用在開放平臺註冊完成後獲取的密碼。
- username：綁定的使用者名稱。
- password：綁定的密碼。

授權系統在收到綁定請求後，會驗證 client_id 和 client_secret 的正確性。如果驗證通過，則透過底層的 RPC 請求驗證使用者名稱和密碼是否正確。如果正確，則將第三方應用和使用者綁定在一起。綁定操作只需進行一次。綁定成功後，即可進行後續授權操作。為了實現功能的完整性，授權系統應提供解除綁定服務。

步驟 2 獲取 access_token。

在已經存在有效的使用者綁定關係後，第三方應用可以建立如範例 3.14 所示的請求進行授權操作。

```
https://example.OAuth.com/OAuth 2/access_token?client_id=
##&client_secret=##&grant_type=self_credentials
```

t 範例 3.14 自研授信應用獲取授權資訊的請求

當授權系統收到授權請求後，首先獲取第三方應用綁定的使用者資訊，然後將該使用者的所有權限與第三方應用所擁有的許可權取交集後，授權給第三方應用。第三方應用在獲取 access_token 後，可以按照 3.1 節中的方式來使用和更新 access_token。

3.5 外掛程式化授權模式的應用

在大型公司中，所有系統都會對接同一套登入註冊系統，因此這些系統之間會共用使用者登入態。如果開放平臺屬於上述的共用使用者登入態的系統之一，那麼共用使用者登入態的其他系統在已獲取使用者登入態的情況下，不需要使用者進行登入操作，只需使用者進行授權確認，即可直接在該系統中喚起第三方應用。

要喚起第三方應用的系統，需要確定當前登入的使用者，是否已經對要喚起的第三方應用存在有效授權。如果存在有效授權，則直接將授權資訊傳回給第三方應用，從而完成喚起；如果不存在有效授權，則需要彈出一個頁面顯示使用者要授權的許可權，並由使用者確認授權後再進行後續授權操作，最終喚起第三方應用。之所以使用者只需按一下「授權」按鈕，是因為使用者已經進行過登入操作，只需將許可權授予第三方應用即可。

標準的授權功能無法支援上述操作。在上述授權流程中，由於所有操作都發生在使用者所登入的系統中，所以授權系統並不主導整個授權流程，而是作為一個「外掛程式」，輔助當前系統完成授權流程，即外掛程式化授權。

外掛程式化授權模式的應用場景大多集中在服務市場。使用者在購買應用後，會直接按一下類似「去使用」的按鈕，進入第三方應用，這時就需要使用者對第三方應用進行授權。

服務市場場景主要分為普通應用場景和官方應用場景。下面將基於服務市場的不同場景，對外掛程式化授權模式進行詳細介紹。其中，普通應用場景是非常常見的授權場景，官方應用場景是一種比較特殊的授權場景。

3.5.1 普通應用場景

使用者在登入服務市場並購買應用後，經常會喚起第三方應用進行授權，此時會觸發使用者對第三方應用的授權流程。為了支援服務市場的「外掛程式化」需求，授權系統會開發 RPC 介面進行支援。

第三方應用在服務市場中的外掛程式化授權流程如圖 3-3 所示。

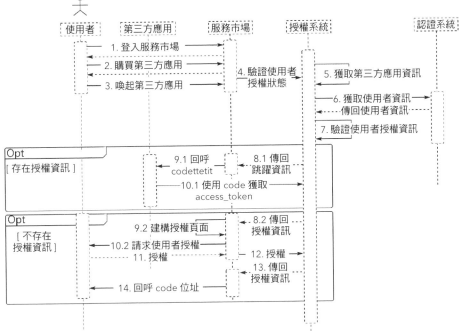

▲ 圖 3-3 第三方應用在服務市場中的外掛程式化授權流程

1‧使用者登入服務市場購買應用

　　服務市場連線與開放平臺相同的使用者帳號系統。使用者在登入服務市場後，可以購買應用，並啟動應用進行使用。

2‧驗證使用者授權狀態

　　使用者在啟動應用時，可以呼叫授權系統提供的 RPC 介面來驗證使用者的授權狀態。使用者授權狀態的驗證請求如範例 3.15 所示。

```
public class GetAppStartInfoRequest {
    /** 第三方應用在主控台系統註冊的唯一標識 */
    private String clientId;
    /**
     * 第三方應用在發佈到服務市場時，填寫的回呼位址
```

```
    * 該回呼位址必須包含在第三方應用的回呼位址列表中，且該列表由第三方應用管理員在主
控台系統建立應用時填寫
    * */
    private String redirectUrl;
    /**
    * 要啟動的第三方應用在發佈到服務市場時，填寫的回呼 state
    * state 用來為第三方應用提供一定的驗證功能
    * */
    private String state;
    /**
    * 使用者的唯一標識
    * 在該場景下，由於使用者已經在服務市場登入，且服務市場可以獲取使用者的唯一標識
    * 因此在呼叫介面時，可以直接將使用者資訊傳遞到授權系統，使用者無須再授權系統進行登入
    * */
    private String userId;
    /** Getters Setters **/
}
```

t 範例 3.15 使用者授權狀態的驗證請求

注意
在普通應用場景下是無法動態指定 redirectUrl 和 state 的，所以將它們設置為固定值。

在授權碼授權模式下，第三方應用可以在發起請求時（見範例 3.1）指定 redirectUrl 和 state，只要指定的 redirectUrl 在第三方應用的回呼列表中，且 state 的長度符合規範即可。在服務市場啟動第三方應用時，使用者授權狀態的驗證操作由服務市場發起，第三方應用無法主動設置 redirectUrl 和 state 的值，所以需要在第三方應用發佈到服務市場時進行設定。

當授權系統收到如範例 3.15 所示的驗證請求後，會進行必要參數的驗證。首先驗證回呼位址是否合法，在驗證通過後，透過 userId 獲取使用者的必要資訊，並驗證這些資訊的合法性；然後授權系統使用 clientId 和 userId 驗證使用者的授權狀態，即透過 clientId 和 userId 確定唯一的 OpenID，並檢驗對應的 OpenID 中是否存在有效的授權資訊。如果存在授權資訊，則執行情況一中的流程；如果不存在授權資訊，則執行情況二中的流程。

3 · 獲取授權資訊

在驗證使用者授權狀態的過程中，如果存在有效的授權資訊，則授權系統會按照 3.1 節中的步驟生成 code，並傳回一個欄位，如範例 3.16 所示的資料結構。

```java
public class GetAppStartInfoResponse {
    /**
     * 如果存在有效的授權資訊，則為 true，否則為 false
     */
    private Boolean authorized;
    /**
     * 以下資訊在 authorized 為 true 時有效
     * 唯一的 code，用來獲取 access_token
     */
    private String code;
    /** 回呼位址，該值由範例 3.15 傳遞 */
    private String redirectUrl;
    /**state，該值由範例 3.15 傳遞 */
    private String state;
    /**
     * 以下資訊在 authorized 為 false 時有效
     * 使用者授權項目，用來顯示使用者在授權時要授權的許可權資訊
     */
    private List<String> terms;
    /** 第三方應用在主控台系統中註冊的應用圖示 */
    private String clientImg;
    /** 第三方應用在主控台系統中註冊的應用名稱 */
    private String clientName;
    /**Getters 和 Setters*/
}
```

t 範例 3.16 生成 code

服務市場在收到如範例 3.16 所示的傳回結果後，會根據 authorized 欄位進行不同處理。

情況一：存在授權資訊，直接傳回 code。

如果 authorized 為 true，則可以判斷當前使用者對第三方應用存在有效的授權資訊。將 code、redirectUrl 和 state 拼接成如範例 3.17 所示的 code 回呼位址，回呼到第三方應用，完成第三方應用的喚起。

```
https://example.com/callback?state=##&code=##
```

t 範例 3.17 code 回呼位址

由於第三方應用已經完成 code 授權流程的對接，因此在收到回呼請求後，會按照 3.1 節中的步驟獲取 access_token，根據 access_token 中的 OpenID，將開放平臺所在系統的使用者與第三方應用自身的使用者對應起來。同時可以使用 access_token 存取開放平臺的開放 API，即獲取開放平臺使用者在第三方應用中的登入態。

情況二：不存在授權資訊，要求使用者進行授權。

如果不存在有效的授權資訊，則授權系統會獲取第三方應用所擁有的許可權套件，並解析為對應的授權條款，賦值給範例 3.16 中的 terms 欄位。同時獲取第三方應用名稱，賦值給範例 3.16 中的 clientName 欄位。獲取第三方應用圖示，賦值給範例 3.16 中的 clientImg 欄位。最後，將範例 3.16 中 authorized 的值設置為 false。第三方應用的許可權套件、圖示及應用名稱，都由第三方應用管理員在建立第三方應用時填寫。

服務市場會收到如範例 3.16 所示的傳回結果，此時 authorized 的值為 false，表示不存在有效的授權資訊，需要根據範例 3.16 中的 terms、clientImg 和 clientName 建立如圖 3-4 所示的使用者授權頁面，以便引導使用者對第三方應用進行顯式授權。

使用者在按一下圖 3-4 中的「授權」按鈕後，服務市場會構造如範例 3.18 所示的參數，請求授權系統提供 RPC 介面，讓使用者透過該介面對第三方應用進行授權。

```
public class AppStartAuthRequest {
    /** 要啟動的第三方應用在主控台系統註冊的唯一標識 */
    private String clientId;
    /**
     * 要啟動的第三方應用在發佈到服務市場時填寫的回呼位址
     * 該回呼位址必須包含在第三方應用的回呼位址列表中，該列表由第三方應用管理員在主控
台系統建立應用時填寫
     * */
```

```
private String redirectUrl;
/**
 * 要啟動的第三方應用在發佈到服務市場時填寫的回呼 state
 * state 用來為第三方應用提供一定的驗證功能
 * */
private String state;
/**
 * 使用者的唯一標識
 * 在該場景下，由於使用者已經在服務市場登入，且服務市場可以獲取使用者的唯一標識
 * 因此在呼叫介面時，可以直接將使用者資訊傳遞到授權系統，使用者無須再授權系統進行登入
 * */
private String userId;
/**Getters Setters**/
}
```

t 範例 3.18 RPC 獲取 code 資訊請求

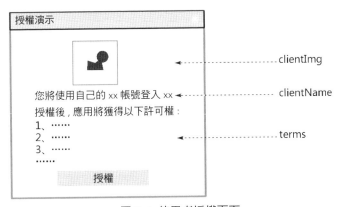

▲ 圖 3-4 使用者授權頁面

　　首先授權系統在收到如範例 3.18 所示的請求，並驗證參數值後，會按照 3.1 節中的方式建立 code，將 code 賦值給範例 3.19 後傳回。將 code 作為第三方應用換取 access_token 的憑證。

```
public class AppStartAuthResponse {
  /** 唯一的 code，用來獲取 access_token*/
  private String code;
  /** 回呼位址，該值由範例 3.15 傳遞 */
  private String redirectUrl;
  /**state，該值由範例 3.15 傳遞 */
```

```
    private String state;
    /**Getters Setters*/
}
```

t 範例 3.19　RPC 獲取 code 資訊回應

　　服務市場在獲取範例 3.19 的傳回結果後，會建立如範例 3.17 所示的 code 回呼位址，回呼到第三方應用，以喚起第三方應用。

總結

　　在第三方應用外掛程式化啟動流程中，授權系統透過 RPC 方式提供通用能力，為服務市場提供鑑權和授權服務。在這種場景下的使用者授權頁面（見圖 3-4）完全由服務市場進行訂製化開發。在整個授權流程中，使用者都不會感知到授權系統。

　　在第三方應用外掛程式化啟動流程中，授權系統透過 RPC 方式提供通用能力，為服務市場提供鑑權和授權服務。在這種場景下的使用者授權頁面（見圖 3-4）完全由服務市場進行訂製化開發。在整個授權流程中，使用者都不會感知到授權系統。

3.5.2　官方應用場景

　　官方應用是一種特殊的第三方應用，官方應用與開放平臺屬於同一家公司。由於使用者已將許可權授權給開放平臺所在的系統，因此官方應用可以在不經過使用者授權的情況下，獲取使用者資訊。舉例來說，淘寶在服務市場，以官方的身份發佈了一款使用者行為分析的應用，向商家提供使用者行為分析的能力。這款應用由淘寶或淘寶的子公司開發，可以安全地分享商家在淘寶中的所有資訊和許可權。

1 · 官方應用啟動流程

　　與普通應用相比，官方應用歸屬於使用者資訊所在系統的主體，可以合法獲取使用者的所有資訊和許可權，喚起官方應用不需要使用者進行顯式授權，不會出現如圖 3-4 所示的使用者授權頁面。普通應用歸屬於外部主體，在未得到使用者的顯式授權時，將使用者資訊分享到外部主體是違法的，所以需要使用者在如圖 3-4 所示的使用者授權頁面中進行顯式授權。

　　官方應用的啟動流程如圖 3-5 所示。首先，使用者在服務市場購買官方應用並喚起官方應用，因此服務市場會建立如範例 3.15 所示的請求進行使用者鑑權。然後，授權系統在收到請求後，獲取應用資訊，並確認該應用為官方應用。接著，授權系統請求認證系統獲取使用者資訊，進行使用者授權資訊驗證，如果不存在有效的認證資訊，則根據 3.1 節的流程直接生成 access_token。最後，透過 3.1 節中生成 code 的流程來建構 code，並構造欄位如範例 3.16 所示的資料結構。在上述流程中，authorized 一定為 true。

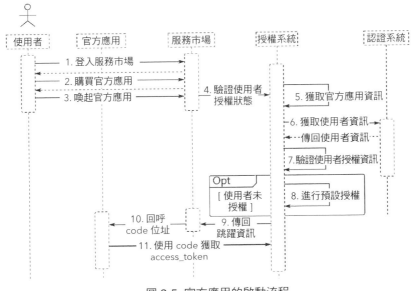

▲ 圖 3-5　官方應用的啟動流程

　　服務市場在收到範例 3.16 的傳回結果後，會建立如範例 3.17 所示的 code 回呼位址，並重定向到官方應用。官方應用獲得 code 後，按照 3.1 節中獲取 access_token 和維護 open_id 的相關流程，完成授權操作。

提示
使用者在對官方應用進行授權時，沒有進行顯式授權，而普通使用者需要進行顯示授權。

2 · 第三方應用隱式啟動流程

在一些特殊場景下，第三方應用也可以不經過使用者顯示授權就直接啟動。在這種特殊場景下，第三方應用僅獲取使用者 OpenID。

注意
僅需要獲取使用者 OpenID 的特殊場景有很多，可以根據具體的業務場景進行辨識。這裡不再一一列舉，僅舉出一個具體的特殊場景範例作為參考。在聯合登入的場景下，第三方應用的唯一需求是開放平臺對使用者身份進行驗證，並傳回一個使用者的唯一標識。第三方應用使用傳回的唯一標識，將開放平臺所在系統使用者與自己系統中的使用者資訊進行對應，從而完成聯合登入。

在這種特殊場景下，第三方應用會將 scope 設置為 base_scope，表明第三方應用只需獲取使用者的 OpenID 即可。由於 OpenID 是脫敏後的使用者標識資訊，可以任意傳遞，因此授權系統在收到請求後，直接傳回 code。隨後第三方應用使用 code 換取授權資訊，且所得到的授權資訊中只有 OpenID。

服務市場為了支援這種特殊場景，會專門定義一種「外部引導授權」模式。如果第三方應用在發佈時選擇這種模式，則服務市場在發起授權時，會將 scope 改為 base_scope，從而發起這種特殊授權流程。

在這種特殊場景下，使用者在服務市場啟動應用後，不需要顯示授權便可進入第三方應用。這時第三方應用已經獲得了 OpenID，並擁有了使用者在第三方應用中的唯一標識，因此可以將開放平臺所在系統使用者與自己系統使用者進行連結。如果想進一步獲取使用者在開放平臺所在系統中的其他許可權，則可以使用標準 code 授權模式。

這種特殊場景的授權流程如圖 3-6 所示。

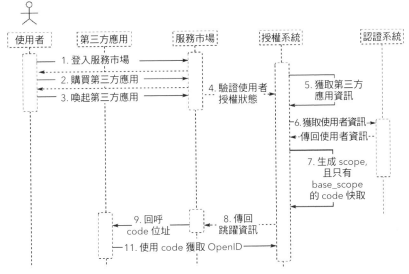

▲ 圖 3-6　獲取 OpenID 的第三方應用啟動流程

步驟 1　首先使用者登入服務市場併購買第三方應用；然後喚起第三方應用，這時服務市場會建立如範例 3.20 所示的請求，即呼叫授權系統提供的 RPC 介面，獲取 code。

```
public class AppStartBaseInfoRequest {
  /** 要啟動的第三方應用在主控台系統註冊的唯一標識 */
  private String clientId;
  /**
   * 要啟動的第三方應用在發佈到服務市場時填寫的回呼位址
   * 該回呼位址必須包含在第三方應用在主控台系統建立應用時填寫的回呼位址列表中
   * */
  private String redirectUrl;
  /**
   * 要啟動的第三方應用在發佈到服務市場時填寫的回呼 state
   * state 用來為第三方應用提供一定的驗證功能
   * */
  private String state;
  /**
   * 使用者的唯一標識
```

```
    *  在該場景下，由於使用者已經在服務市場登入，且服務市場可以獲取使用者的唯一標識
    *  因此在呼叫介面時，可以直接將使用者資訊傳遞到授權系統，使用者無須再授權
    *  系統進行登入
    *  */
    private String userId;
    /**Getters Setters*/
}
```

t 範例 3.20 RPC 獲取授權碼的請求

步驟 2　授權系統收到請求後，首先會生成如範例 3.21 所示的 code 快取結構，
用來支援下一步獲取第三方應用的 OpenID；然後建立並傳回如範例 3.22
所示的 code 快取。

```
key:code
value:
{
    "client_id":"7c6bdb6a3f1049b893a4a6294e241110",
    "redirect_url":"https://www.example.com",
    "response_type":"code",
    "scope":"base_scope",
    "state":"my_sate",
    "pin":"fake_pin",
    "shop_id":"fake_shop"
}
```

t 範例 3.21　code 快取

```
public class AppStartBaseInfoResponse {
    /** 唯一的 code，用來獲取 access_token*/
    private String code;
    /** 回呼位址，該值由範例 3.15 傳遞 */
    private String redirectUrl;
    /**state，該值由範例 3.15 傳遞 */
    private String state;
    /**Getters Setters*/
}
```

t 範例 3.22 RPC 獲取授權碼回應

步驟 3　服務市場收到如範例 3.22 所示的結果後，會建立如範例 3.17 所示的 code 回呼位址，並回呼到第三方應用。

步驟 4　第三方應用收到回呼請求後，會透過獲取的 code，建立如範例 3.23 所示的請求，以便換取 access_token。

步驟 5　授權系統收到如範例 3.23 所示的請求並完成對請求的各種驗證後，獲取如範例 3.21 所示的 code 快取，發現對應的 scope 欄位的值為 base_scope，此時授權系統不再按照 3.1 節中生成 access_token 的步驟生成授權資訊，而是直接獲取使用者對應的 OpenID 後傳回。OpenID 回應結果如範例 3.24 所示。

```
https://example.OAuth.com/OAuth 2/access_token?client_id=
##&client_secret=##&code=#& grant_type=authorization_code
```

t 範例 3.23 使用 code 獲取授權資訊的請求

```
{
    "open_id":"OPENID",
    "scope":"base_scope",
}
```

t 範例 3.24 OpenID 回應結果

步驟 6　第三方應用收到如範例 3.24 所示的結果後，就可以將 OpenID 作為當前使用者在第三方應用中的登入態。

此時，第三方應用已獲取開放平臺所在系統使用者的 OpenID，如果第三方應用需要進一步獲取其他許可權，則直接使用標準 code 授權即可。

第三方應用使用這種外部引導授權模式，作為喚起方式後，開放平臺所在系統使用者無須在服務市場進行顯式授權操作，而是將授權操作推遲到第三方應用中（見 3.1 節）。這樣做的好處是，第三方應用完全掌控了授權操作的流程，可以個性化處理參數。

外部引導授權模式的具體優勢如下。

1）優勢一

在發起授權操作時，可以在如範例 3.25 所示的請求中，根據需求指定 redirect_url 和 state 值，將授權流程推遲到第三方應用後，脫離服務市場的束縛。

```
https://example.OAuth.com/OAuth 2/authorize?client_id=
##&response_type=code&redirect_url=##&state=##&scope=##
```

t 範例 3.25 獲取 code 的請求

2）優勢二

推遲授權流程到第三方應用，使第三方應用可以透過範例 3.25 中的 scope，精細化控制授權範圍。與在 3.5.1 節中進行授權時第三方應用會嘗試獲取所有能獲取的許可權相比，該模式解決了在圖 3-4 的 terms 中出現大量授權條款，導致開放平臺所在系統使用者不願意進行授權的問題。

3）優勢三

對於使用者體驗也有一定的提升。當授權流程推遲到第三方應用後，開放平臺所在系統使用者在服務市場按一下「啟動」按鈕後，會直接進行第三方應用，中間沒有任何的授權彈窗，後續所有的授權操作都由第三方應用發起，更符合使用者的使用習慣。

第 4 章

OpenID 從理論到實戰

在授權碼授權模式的授權流程中,當使用者完成授權後,第三方應用會獲取到使用者的授權資訊,其中包含 open_id 欄位。open_id 是使用者在第三方應用中的唯一標識,是一個十分重要的欄位。本章將詳細討論 OpenID 的相關內容。

◀ 4.1　OpenID 概述

4.1.1　OpenID 定義

OpenID 官網中 OpenID 的定義為：OpenID 是一個以使用者為中心的數字身份辨識框架，具有開放、分散、自由等特點。

OpenID 的核心理念為：OpenID 可以透過 URI（Uniform Resource Identifier）認證一個網站的唯一身份，也可以透過這種方式作為使用者的身份認證。由於 URI 是整個網路世界的核心，因此 OpenID 為基於 URI 的使用者身份認證提供了廣泛的、堅實的基礎。

OpenID 系統支援透過 URI 認證使用者身份。目前的網站依靠使用者名稱和密碼登入認證，這就表示使用者在每個網站都需要註冊使用者名稱和密碼。如果使用 OpenID，那麼網站位址（URI）就是使用者名稱，而密碼安全地儲存在一個 OpenID 服務網站上，使用者登入時只需輸入自己的 URI，不需要輸入密碼。

使用 OpenID 的使用者，可以自己建立一個 OpenID 服務網站，也可以選擇一個可信任的 OpenID 服務網站完成註冊。

登入一個支援 OpenID 的網站非常簡單（即使是第一次造訪這個網站也一樣）。在輸入註冊好的 OpenID 使用者名稱後，登入的網站會跳躍到 OpenID 服務網站。在 OpenID 服務網站輸入密碼（或其他需要填寫的資訊），認證透過後，會跳躍到登入的網站，只需登入的網站辨識登入資訊後，即可登入成功。

OpenID 系統可以應用於所有需要身份認證的地方，既可以應用於單點登入系統，也可以用於共用敏感性資料時的身份認證。

總結
OpenID 是基於 OAuth 建立的使用者認證系統。它的目標是定義一種標準，OpenID 提供者和 OpenID 使用者都按照標準進行系統實現，以便可以完成基於 OpenID 的認證登入操作。 有了實現 OpenID 標準的 OpenID 提供者和 OpenID 使用者後，使用者可以將

自己的使用者資訊託管到某個 OpenID 提供者那裡來獲取自己的 URL，並使用自己的 URL 在任意的 OpenID 使用者那裡進行認證登入。

OpenID 作為一套協定，擁有詳細的協定定義，這些內容不在本書的討論範圍內，感興趣的讀者可以參考最新的 OpenID2 詳細了解。

4.1.2 OpenID 使用流程

本小節透過一個具體的 OpenID 使用場景來說明 OpenID 的使用流程。

現有一個支援 OpenID 的 X 網站（OpenID 使用者），網址為 example.com。該網站為了方便使用者登入，在頁面中插入了登入表單。傳統的登入表單會提示使用者輸入使用者名稱和密碼，而支援 OpenID 的網站表單中，只有 OpenID 標識輸入框，使用者在該輸入框中輸入 OpenID 標識來完成登入認證。

使用者 Alice 在 Y 網站（OpenID 提供者），網址為 openid-provider.org，註冊了一個 OpenID 標識，即 alice.openid-provider.org。Alice 可以使用該 OpenID 標識，登入任意與 Y 網站完成對接的 OpenID 使用者系統。

如果 X 網站已經完成了與 Y 網站的對接，那麼 Alice 想使用這個標識登入 X 網站，只需在 X 網站的 OpenID 登入表單中填入自己的 OpenID 標識，並按一下「登入」按鈕即可。

因為標識是一個 URL，所以 X 網站首先會將這個標識轉為典型格式，即 https://alice.openid-provider.org/；然後將使用者的瀏覽器重定向到 Y 網站。在這個例子中，Alice 的瀏覽器被重定向到 openid-provider.org，該網址是 Y 網站的認證頁面，且 Alice 將在該頁面中完成認證操作。

Y 網站驗證使用者資訊的方法多種多樣，通常會要求認證使用者提供密碼（後續使用 cookies 儲存認證上下文，這是大多數基於密碼驗證的網站的做法）。

在這個例子中，如果 Alice 當前沒有登入到 openid-provider.org，則 Alice 可能被提示需要輸入密碼進行驗證。當 Alice 的身份在 Y 網站認證透過後，Y 網站會詢問 Alice 是否信任 X 網站所提供的頁面，如 https://example.com/openid-return.

php。如果 Alice 舉出肯定回答，則 OpenID 驗證被認為是成功的，可以將瀏覽器重定向到 X 網站所提供的頁面；如果 Alice 舉出否定回答，則可以將瀏覽器重定向到 X 網站所提供的頁面，不同的是，這時 X 網站會被告知它的請求被拒絕，所以 X 網站也會拒絕 Alice 的登入。https://example.com/openid-return.php 頁面是由 X 網站指定的、使用者認證完成後所要返回的頁面。X 網站會透過該頁面接收使用者的身份資訊。

X 網站在收到使用者的身份資訊後，需要確定收到的資訊確實來自 Y 網站。

其中一種驗證方式是，首先 X 網站和 Y 網站之間提前建立一個「共用秘密」，然後 X 網站透過該「共用秘密」驗證從 Y 網站收到的資訊。因為作為驗證雙方的 X 網站和 Y 網站都需要儲存「共用秘密」，所以這種驗證方式是「有狀態」的。

這裡對「共用秘密」說明，所謂的「共用秘密」，就是兩者直接約定的一種密碼系統，其中最簡單的一種實現方式就是非對稱金鑰對。在使用「共用秘密」驗證使用者資訊時，Y 網站在回呼使用者資訊時，會使用「共用秘密」對使用者資訊進行加密，X 網站收到使用者資訊時會使用「共用秘密」對使用者資訊進行解密，如果解密成功，則驗證通過。

另外一種驗證方式是，X 網站收到使用者資訊後，向 Y 網站發起一次驗證請求來保證收到的資料是正確的。這種驗證方式是「無狀態」的。

Alice 的標識被 X 網站驗證後，Alice 便以 alice.openid-provider.org 的身份登入 X 網站。接著，X 網站可以儲存這次階段，如果這是 Alice 第一次登入 X 網站，則提示 Alice 輸入一些 X 網站所需要的資訊，以便完成註冊。

總結

（1）使用者首先在 X 網站使用 OpenID 標識進行登入，然後 X 網站根據約定解析出 OpenID 提供者的位址（Y 網站）。

（2）X 網站將請求重定向到 Y 網站，Y 網站會讓使用者輸入使用者名稱和密碼進行身份驗證，驗證通過後，Y 網站會回呼到 X 網站指定的回呼位址 https://example.com/ openid-return.php 中。

（3）X 網站透過回呼獲取 Alice 的使用者資訊，在進行驗證後，完成登入。

特點
（1）去中心化的網上身份認證系統。任何使用者註冊過的網站，只要提供了 OpenID 對接能力，就可以作為使用者的 OpenID 提供者，所以是去中心化的。但這種去中心化的前提是，OpenID 使用者與相應的 OpenID 提供者已經對接完成。在實際使用中，OpenID 使用者需要對接很多 OpenID 提供者。
（2）使用者不需要記住自己在 OpenID 使用者中的使用者名稱和密碼，但要記住自己在 OpenID 提供者系統中的使用者名稱和密碼。
（3）OpenID 使用者和 OpenID 提供者，兩者要完成對接。OpenID 使用者要對接 OpenID 提供者的回呼，儲存使用者的授權資訊。OpenID 提供者要驗證 OpenID 使用者，這是因為不是任意的回呼位址都可以進行請求。

4.1.3 OpenID 與 OAuth 2

在 OAuth 2 的授權流程中，最終的授權結果為 access_token，透過 access_token 可以獲取資料並使用開放平臺所提供的功能。access_token 的特點是隨時可能發生變化，因此無法用來唯一標識一個使用者。所以，OpenID 在 OAuth 2 的基礎上建構了一套使用者資訊認證協定。在通常情況下，我們可以獨立使用 OAuth 2 協定，也可以獨立使用 OpenID 協定，但在開放平臺中，一般使用的是二者的結合體。

我們在 3.1 節中介紹了第三方應用使用授權碼授權模式進行授權的一套完整的授權流程，將該流程與 OpenID 的使用流程進行比較，會得到如範例 4.1 所示的結果。

對比項	OpenID 定義流程	授權碼授權模式流程
角色	定義了 OpenID 提供者和 OpenID 使用者	第三方應用充當 OpenID 使用者，開放平臺充當 OpenID 提供者
流程	使用者會輸入自己的 URL（alice.openid-provider.org）進行 OpenID 登入。OpenID 使用者會重定向到 OpenID 提供者，讓使用者進行身份認證，並在身份認證透過後，OpenID 提供者會回呼到 OpenID 使用者，並傳回使用者的憑證	第三方應用引導使用者前往自己已經支援的開放方平臺進行授權。在重定向到授權系統後，使用者需要進行身份驗證，並在驗證通過後，將 code 碼透過回呼的方式傳遞到第三方應用，這個 code 碼就是使用者的臨時憑證

使用者資訊驗證	會驗證傳回使用者資訊的有效性（stateless 場景）	第三方應用在使用 code 碼換取 access_token 時，會獲取使用者的真實憑證（open_id）

t 範例 4.1 OpenID 與授權碼授權模式的比較

透過範例 4.1 的比較結果可以看到，在第 3 章中所介紹的 OAuth 2，嚴格來講並不是標準的 OAuth 2 實現，而是一種 OpenID 與 OAuth 2 的結合體。

之所以要將 OAuth 2 與 OpenID 進行結合，是因為在開放平臺場景下，第三方應用需要對當前進入系統的使用者進行唯一標識，而 access_token 在很多授權模式下都會發生改變，無法作為使用者在第三方應用的唯一標識。

OpenID 作為使用者在第三方應用中的唯一標識，需要具備以下特性。

（1）同一使用者的 OpenID 在第三方應用中是唯一的，只有這樣才能使第三方應用根據此標識在自己的系統中確定唯一的使用者。

（2）授權系統需要維護開放平臺所在系統 UserID 與 OpenID 之間的對應關係，用來支援第三方應用和開放平臺之間進行使用者匹配。

（3）為了確保使用者的資訊安全，同一使用者在不同第三方應用中的 Open-nID 必須是不同的。如果使用者的資訊對應唯一的 OpenID，則所有的第三方應用都會獲取相同的 OpenID，當第三方應用在私下透過 OpenID 分享各自的使用者資訊時，會洩露使用者資訊。

為了使同一個使用者在不同的第三方應用中對應不同的 OpenID，授權系統需要維護開放平臺所在系統使用者的真實 ID 與 OpenID 的對應關係。而這項責任會給授權系統帶來資料維護上的挑戰。可以想像，一個使用者在開放平臺所在系統中的 ID，需要與該使用者所使用的所有第三方應用都保持唯一對應關係，在最壞的情況下，所維護的對應關係數量等於使用者總數量與第三方應用總數量的乘積。

由此可見，OpenID 的生成和 OpenID 與 UserID 對應關係維護是 OpenID 設計的核心內容。本章後續內容將對一些常見的 OpenID 的生成方案介紹，包括基於自動增加 ID 的 OpenID 方案、基於 Hash 演算法的 OpenID 方案、基於對稱加密演算法的 OpenID 方案、基於嚴格單調函數的 OpenID 方案和基於向量加法的 OpenID 方案。在介紹相關內容時，會伴隨著對各種方案的優劣性的探討。最後，這幾種方案之間並不存在絕對的優劣，只是在特定的場景下使用特定的方案而已。

在開始相關討論之前，先在這裡明確幾個核心概念。

- UserID：使用者在開放平臺所在系統中的唯一標識。
- OpenID：授權系統為使用者在第三方應用中生成的唯一標識。
- ClientID：第三方應用在開放平臺中的唯一標識。

本章後續相關內容均會圍繞 UserID、OpenID 和 ClientID 之間的關係維護與相互轉換進行展開。

4.2　基於自動增加 ID 的 OpenID 方案

4.2.1　概述

自動增加 ID 是日常軟體系統中非常常見的一種 ID 設計方式。自動增加 ID 設計思想很簡單，就是將一個不斷遞增的數字作為使用者的唯一標識。在單機模式下，最為人熟知的是基於 MySQL 的自動增加 ID；在分散式環境下，也有 Twitter 的雪花（snowflake）演算法的自動增加 ID。

基於以上兩種自動增加 ID 的實現，有兩種 OpenID 方案，我們將在後面小節中進行詳細討論。

在基於自動增加 ID 的實現方案中，授權系統需要維護 OpenID、UserID 和 ClientID 之間的對應關係。透過該對應關係，我們可以透過 UserID 和 ClientID 唯一推導出 OpenID，反之，可以透過 OpenID 和 ClientID 唯一推導出 UserID。

4.2.2　基於單機模式下自動增加 ID 的實現方案

下面介紹基於單機模式下自動增加 ID 的實現方案。單機模式自動增加 ID 實現的 OpenID 資料結構如範例 4.2 所示。

主鍵 ID	OpenID	UserID	ClientID
…	1	1	2d3265e7-3dec-4f53-98f8-7f1fd9af5659
…	1	1	26c71858-babe-47dd-899a-6a8008993380
…	2	2	2d3265e7-3dec-4f53-98f8-7f1fd9af5659
…	…	…	…
…	3	8	2d3265e7-3dec-4f53-98f8-7f1fd9af5659

t 範例 4.2 單機模式自動增加 ID 實現的 OpenID 資料結構

在這種模式下，要在每個 ClientID 維度建立一個自動增加 ID 生成器，分別為第三方應用生成遞增 OpenID。較為常見的方式是，使用 Redis 提供的原子自動增加功能，主要使用了 Redis 提供的「incr」命令，該命令將對應的 key 值增加 1。如果 key 不存在，則先將 key 值初始化為 0，再執行自動增加操作。Redis 自動增加命令演示如範例 4.3 所示。

```
127.0.0.1:6379> set num 10
OK
127.0.0.1:6379> incr num
(integer) 11
127.0.0.1:6379> get num   # num 值在 Redis 中以字串的形式儲存
"11"
```

t 範例 4.3 Redis 自動增加命令演示

為了能提高效率，減少與 Redis 的網路 I/O 次數，系統可以使用「incrby」命令代替「incr」命令。每個分散式節點使用「incrby」命令，生成一定數量的 ID 快取在本地快取中，在收到生成 ID 請求時，優先從本地快取中獲取 ID。如果本地快取的 ID 已經全部被使用，則使用「incrby」命令再獲取一批。

這樣做能提高效率並節約網路 I/O，但也會產生一定副作用。比如，分散式節點使用「incrby」命令獲取了一批 ID，並快取在了本地，但是在還沒有使用時，因為某些原因發生了重新啟動，從而導致儲存在記憶體中的快取 ID 全部遺失，白白浪費掉一批 ID。另外，這種方案所生成的 ID 可能不連續，如有 2 個節點，每個節點申請了 5 個 ID 的本地快取。其中，節點一中 ID 快取列表為 0、1、2、3、4，節點二中 ID 快取列表為 5、6、7、8、9。基於輪訓的負載平衡演算法，那麼生成的 ID 的順序為 0、5、1、6、2、7、3、8、4、9。

有了自動增加 ID 生成器，每次將 UserID 轉為 OpenID 時，首先根據 UserID 和 ClientID 查詢是否存在對應的 OpenID，如果不存在，則呼叫自動增加 ID 生成器，獲取一個新的 OpenID，作為 UserID 在 ClientID 對應的第三方應用中的唯一標識；然後將新生成的對應關係儲存在範例 4.2 的資料表中。該過程中需要考慮分散式互斥，可以使用 UserID+ClientID 作為分散式互斥變數。

在範例 4.2 中「主鍵 ID」以省略符號的形式出現，主要是因為這裡不對底層資料結構進行具體討論，不同的底層資料表結構，會對應不同的主鍵 ID 策略。舉例來說，如果是單資料表，則「主鍵 ID」可以為自動增加 ID；如果是分庫分表，則可以使用雪花演算法。

4.2.3　基於雪花演算法的 OpenID 生成方案

下面介紹基於雪花演算法的 OpenID 生成方案。雪花演算法實現的 OpenID 資料結構如範例 4.4 所示。

OpenID（主鍵 ID）	UserID	ClientID
雪花演算法 ID	1	2d3265e7-3dec-4f53-98f8-7f1fd9af5659
雪花演算法 ID	1	26c71858-babe-47dd-899a-6a8008993380
雪花演算法 ID	2	2d3265e7-3dec-4f53-98f8-7f1fd9af5659
...	...	...
雪花演算法 ID	8	2d3265e7-3dec-4f53-98f8-7f1fd9af5659

t　範例 4.4　雪花演算法實現的 OpenID 資料結構。

在範例 4.4 中直接使用雪花演算法生成 OpenID，因為雪花演算法生成的 ID 能保證全域唯一，且全域遞增，所以在範例 4.4 中直接使用雪花演算法作為主鍵是萬無一失的。

整個流程與基於單機模式下自動增加 ID 的實現方案類似。在將 UserID 轉為 OpenID 時，可以根據 UserID 和 ClientID 查詢是否存在對應的 OpenID，如果不存在，則使用雪花演算法生成一個新的 OpenID 作為 UserID 在 ClientID 對應第三方應用中的唯一標識，並將新生成的對應關係儲存在範例 4.4 的資料表中。該過程同樣需要考慮分散式互斥。

下面對雪花演算法進行簡單介紹，如果對詳細原理及對應的變種演算法感興趣，則讀者可自行學習。雪花演算法由 64bit 組成，剛好對應 Java 中的 long 類型。其結構如圖 4-1 所示。

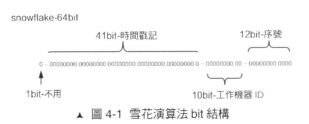

▲ 圖 4-1 雪花演算法 bit 結構

圖 4-1 中各 bit 含義如下。

- 1bit- 不用：該 bit 未被使用，固定為 0，因為二進位形式中最高位元是符號位元，1 表示負數，0 表示正數。生成的 ID 一般都是正數，所以最高位元固定為 0。

- 41bit- 時間戳記：記錄毫秒等級的時間戳記，可以表示 2^{41} 個數字。如果只用來表示非負整數，則可以表示的數值範圍為 $0 \sim 2^{41}-1$，減 1 是因為可表示的數值範圍是從 0 開始計算的，而非 1。將單位轉為年，能表示的時間範圍為 69 年，即 $(2^{41}-1)$ /$(1000 \times 60 \times 60 \times 24 \times 365)$ =69。

- 10bit- 工作機器 ID：記錄工作機器 ID。也就是說，在雪花演算法框架中最多有 2^{10}，即 1024 個節點。在實際應用中，會將這 10 位元分割成高 5 位元的 datacenterId 和低 5 位元的 workerId。

- 12bit- 序號：序號，用來記錄同毫秒內產生的不同 ID。12bit 可以表示的最大正整數是 $2^{12}-1=4095$，即可以用 0、1、2、3…4094 這 4095 個數字，表示同一機器同一時間戳（毫秒）內最多產生 4095 個 ID 序號。

最終，在 Java 中基於雪花演算法會生成一個 long 類型的正數作為分散式系統中的唯一 ID。

4.2.4 基於自動增加 ID 的 OpenID 生成方案總結

至此，兩種基於自動增加 ID 的 OpenID 生成方案就全部介紹完了。因為基於自動增加 ID 的 OpenID 生成方案在整體上思想比較樸素，所以生成的 OpenID 也比較簡單，使用一個 long 類型的正數就能表示。

但是，基於自動增加 ID 的 OpenID 生成方案也存在巨大的缺陷。

首先，在「基於單機模式下自動增加 ID 的實現方案」中，需要額外的 ClientID 維度的 OpenID 生成器；在「基於雪花演算法的 OpenID 生成方案」中，需要整個系統連線雪花演算法框架，僅在維護每個服務節點對應的 ID（datacenterId 和 workerId）上，就需要付出很多的成本，如果維護不當，則會造成生成的 ID 重複等問題。

其次，以上兩種方案都需要維護 UserID 與第三方應用中 OpenID 的對應關係，按最壞情況進行估算，需要維護的關聯資料筆數為 UserID×ClientID，隨著系統使用者和連線的第三方應用數量的增多，要維護的資料將激增，對底層的資料庫儲存形成了壓力。但是根據八二原則，很多普通第三方應用中，只會有 20% 的 OpenID 處於活躍狀態，所以可以使用快取熱資料的方式保障讀取業務的高效性。不過，後期巨大的儲存壓力依然是該類型方案的硬傷。

4.3　基於 Hash 演算法的 OpenID 方案

4.3.1　概述

在 4.2 節基於自動增加 ID 的 OpenID 方案中，主要存在以下兩個問題。

一是為了能生成從 UserID 和 ClientID 到 OpenID 的映射，需要進行額外的系統設計。

二是需要儲存映射關係，並且在獲取 UserID 和 ClientID 所對應的 OpenID 時，需要發起一次查詢操作才能完成。

本節介紹的是基於 Hash 演算法的 OpenID 方案。該方案透過消耗運算資源的方式來避免上面的兩個問題。

4.3.2 Hash 演算法簡介

Hash 一般翻譯為散列，也可翻譯為雜湊，其功能是把任意長度的輸入，透過 Hash 演算法，變換成固定長度的輸出，該輸出就是散列值。這種轉換是一種壓縮映射，即散列值的空間通常遠小於輸入的空間，不同的輸入可能會散列成相同的輸出，並且不可能從散列值推導出輸入值。

Hash 演算法的本質是一種單向密碼體制，是一個從明文到加密的不可逆的映射，只有加密過程，沒有解密過程。同時，散列函數可以將任意長度的輸入加工成固定長度的輸出。

Hash 演算法最重要的用途在於給證書、文件、密碼等高安全係數的內容進行加密保護（生成指紋）。這方面的用途主要是得益於 Hash 演算法的不可逆性。

所謂不可逆性是指無法從指紋反推出原文，也不可能偽造另一個文字，使該文字和原文指紋相同。

Hash 演算法的這種不可逆性維持著很多安全框架的營運。

一個優秀的 Hash 演算法具備以下特點。

- 正向快速：給定明文和 Hash 演算法，在有限時間和有限資源內能計算出 Hash 值。
- 逆向困難：給定（若干）Hash 值，在有限時間內很難（基本不可能）逆推出明文。
- 輸入敏感：原始輸入資訊的輕微變動，都會導致產生的 Hash 值大不相同。
- 衝突避免：很難找到兩段內容不同的明文，使得它們的 Hash 值一致（發生衝突）。對於任意兩個不同的資料區塊，其 Hash 值相同的可能性極小；對於一個給定的資料區塊，找到和其 Hash 值相同的資料區塊極為困難。

現存的 Hash 演算法有以下幾種。

- MD4（RFC 1320）是 MIT 的 Ronald L. Rivest 於 1990 年設計的，其中 MD 是 Message Digest 的縮寫。其輸出長度為 128bit，並且已證明 MD4 不夠安全。

- MD5（RFC 1321）是 Ronald L. Rivest 於 1991 年對 MD4 的改進版本。它對輸入仍以 512bit 進行分組，其輸出長度為 128bit。MD5 比 MD4 複雜，並且計算速度要慢一點，更安全一些。MD5 已被證明不具備「強抗碰撞性」。
- SHA（Secure Hash Algorithm）是一個 Hash 函數族，由 NIST（National Institute of Standards and Technology）於 1993 年發佈的第一個演算法。目前知名的 SHA-1 於 1995 年面世，其輸出是長度為 160bit 的 Hash 值，因此抗窮舉性更好。SHA-1 設計是基於和 MD4 相同的原理，並且模仿了該演算法。SHA-1 已被證明不具備「強抗碰撞性」。
- 為了提高安全性，NIST 還設計出了 SHA-224、SHA-256、SHA-384 和 SHA-512 演算法（統稱為 SHA-2），與 SHA-1 演算法的原理類似。SHA-3 相關演算法也已被提出。

以上簡單介紹了 Hash 的定義及現存的 Hash 演算法，從中可以看到目前最為可靠的為 SHA-2 家族的 Hash 演算法。這類 Hash 演算法雖然需要消耗更多運算資源，但是更加安全可靠，所以實際工作中選用了 SHA-256 作為 Hash 演算法。

4.3.3　使用 Hash 函數計算 OpenID

1 · 使用 Hash 函數計算 byte 值

利用 Hash 演算法的特性，將 ClientID 和 UserID 作為 Hash 演算法的輸入，將輸出作為 OpenID。程式如範例 4.5 所示，其中 salt 應為固定的隨機值，用於增加一定的混淆；DigestUtils 是一個封裝工具類別，封裝了各種加密演算法。

```
public class OpenIDDemo {
  public static byte[] getOpenId(String userId, String clientId) {
      // 這是一個混淆值，在實際中應該是一個固定的隨機值
      String salt = "salt";
      String plainText = userId + "$$" + salt + "$$" + clientId;
      byte[] data = DigestUtils.sha256(plainText);
      return data;
  }
}
```

t 範例 4.5　使用 Hash 演算法生成 OpenID 範例

透過範例 4.5，我們可以利用 SHA-256 演算法將 UserID 和 ClientID 映射到 OpenID 中。

基於 Hash 演算法不可逆的特性，可以放心地將生成的 OpenID 傳遞到系統外部使用。

同時，基於 Hash 演算法不同的輸入極難得到相同輸出的特性，基本上可以保證不同的 UserID 和 ClientID，經過 Hash 演算法處理後會得到不同的 OpenID。

註：SHA-256 演算法的衝突避免能力很強，感興趣的讀者可自行研究。

2·編碼與 Base64

範例 4.5 的結果為 byte[] 陣列，不利於使用文字方式傳遞，所以需要對結果進行文字化處理。常見的方式有轉為十六進位數列表和使用 Base64 編碼兩種。

十六進位數會將 4bit 轉為一個字元，而 Base64 編碼能將 6bit 轉為一個字元，所以為了有效控制 OpenID 的長度，在實際工作中選用了 Base64 編碼。

下面對 Base64 編碼進行簡單介紹。

傳統的郵件只支援可見字元的傳輸，像 ASCII 碼的控制字元就不能透過郵件傳輸。另外，圖片二進位流的每個位元組不可能全部都是可見字元，所以也無法使用文字進行傳輸。

那麼，如何解決該問題呢？

註：ASCII 碼包含了 128 個字元。其中，前 32 個為 0 ～ 31，即 0x00 ～ 0x1F，都是不可見字元。這些字元就是控制字元。

最好的方法就是在不改變傳統協定的情況下，實現一種擴充方案。該方案將無法用文字表示的二進位編碼轉為可見文字進行傳輸，從而解決相關問題，而 Base64 編碼就是一種實踐的擴充方案。

　　Base64 是一種編碼方式，這個術語最初是在「MIME 內容傳輸編碼規範」中提出的。Base64 不是一種加密演算法，實際上是一種「二進位轉換到文字」的編碼方式，能將任意二進位資料轉為 ASCII 字串的形式，以便在只支援文字的環境中也能順利傳輸二進位資料。

　　Base64 編碼首先建立了如圖 4-2 所示的 Base64 編碼表，將數字 0 ～ 63 分別映射到 64 個不同的字元中。

　　由於 64 個不同的字元，最多對應於 64 種不同的二進位編碼，而 6bit 恰好有 64 種不同的二進位編碼，因此 Base64 編碼的每個字元表示一個 6bit 長度的二進位數字。

　　在實際工作中，所有的二進位數字都以 Byte（8bit）為單位，所以要編碼的二進位數字的 bit 長度都是 8 的倍數；而 Base64 編碼以 6bit 為單位，所以 Base64 能編碼的二進位數字的 bit 長度都要求為 6 的倍數。這就涉及補齊操作，即把 8 的倍數補齊到 6 的倍數。

　　在如圖 4-3 所示的 Base64 編碼範例中展示了一種完美情況。這時輸入有 3Byte，正好轉為 4 個 Base64 編碼字元。

Value	Char	Value	Char	Value	Char	Value	Char
0	A	16	Q	32	g	48	w
1	B	17	R	33	h	49	x
2	C	18	S	34	i	50	y
3	D	19	T	35	j	51	z
4	E	20	U	36	k	52	0
5	F	21	V	37	l	53	1
6	G	22	W	38	m	54	2
7	H	23	X	39	n	55	3
8	I	24	Y	40	o	56	4
9	J	25	Z	41	p	57	5
10	K	26	a	42	q	58	6
11	L	27	b	43	r	59	7
12	M	28	c	44	s	60	8
13	N	29	d	45	t	61	9
14	O	30	e	46	u	62	+
15	P	31	f	47	v	63	/

▲ 圖 4-2　Base64 編碼表

二進位位元	010011	010110	000101	101110
索引	19	22	5	46
Base64 編碼	T	W	F	u

▲ 圖 4-3　Base64 編碼範例

在其他不完美的情況下，需要將 8 的倍數的 bit 後面補 0，一直補到 bit 的長度是 6 的倍數為止。綜上所述，從 8 的倍數的 bit 補 0 到 6 的倍數的 bit，只存在補「00」和「0000」兩種情況。圖 4-4 和圖 4-5 所示為 Base64 補位範例，分別展示了補「00」和補「0000」的最簡情況。

▲ 圖 4-4 Base64 補位範例 1　　　　　▲ 圖 4-5 Base64 補位範例 2

透過補「00」或「0000」最終都能符合 Base64 的編碼要求，在標準的 Base64 編碼中又約定編碼字元長度為 4 的倍數（契合圖 4-3 中的完美模式）。因此，在補「00」時，增加一個「=」補齊（見圖 4-4）；在補「0000」時，增加兩個「=」補齊（見圖 4-5）。

但是，「=」在實際的解碼過程中是沒有任何作用的，之所以用「=」，可能是考慮到多段編碼後的 Base64 字串拼起來也不會引起混淆。

以上便是標準的 Base64 開發過程（解碼過程就是逆過程，此處省略），但是在實際應用中，由於開放平臺是基於 HTTP 協定的 Web 應用，OpenID 可能會出現在 URL 中，為了解決在這種情況下 OpenID 導致的亂碼問題，一般會使用 URL 安全（URL Safe）的 Base64 編碼。

在標準的 Base64 編碼中會出現字元「+」、「/」和「=」，其中「+」和「/」作為編碼字元出現在編碼表中，「=」作為填補字元。而這 3 個字元是 URL 不安全的，即出現在 URL 中時需要進行跳脫。所以 URL 安全的 Base64 編碼直接用「-」代替「+」，用「_」代替「/」，並且不進行「=」補齊。這樣得到的 Base64 編碼就可以安全地出現在 URL 上。

有了 URL 安全的 Base64 編碼後，就可以將範例 4.5 所生成的二進位數字組轉為文字形式的 OpenID 了。相關程式如範例 4.6 所示，程式中所使用的 Base64 工具類別是「org.apache.commons.codec.binary.Base64」，感興趣的讀者可以下載相關原始程式碼進行研究。

```
public class EncodeDemo {
  public static String encode(byte[] openId) {
      return Base64.encodeBase64URLSafeString(openId);
  }
}
```

t 範例 4.6 Base64 編碼函數

設 UserID=faker，ClientID= b9e18926-36c6-462e-9017-0fb9d3b99d95，salt=salt，那麼生成的 OpenID= 0GR9cPQwDpkt8n-7cRCygucvY3w5AMR0VJvG8m-4fwmg。生成的 OpenID 的長度由於不再使用「=」補位，因此其長度也是不固定的。

有了範例 4.6 的 OpenID 生成方法後，在根據 ClientID 和 UserID 生成 OpenID 時，不需要存取 ID 生成器或查詢資料庫，直接使用範例 4.6 進行計算即可。在整個 OpenID 生成過程中，沒有任何網路 I/O。

3 · 透過 OpenID 獲取 UserID

在透過 OpenID 獲取對應 UserID 時，由於 Hash 演算法具有不可逆特性，無法直接從 OpenID 和 ClientID 中推出 UserID，因此需要儲存 OpenID 和 ClientID 到 UserID 的映射關係。但考慮到 OpenID 的唯一性，只需儲存從 OpenID 到 UserID 的映射關係即可。

考慮到資料儲存量、查詢方式及 OpenID 為 Hash 值這 3 個特性，將 Hbase 作為儲存 OpenID 到 UserID 映射關係的底層資料庫。

下面對 Hbase 進行簡單介紹。

Hbase 是基於 HDFS 建構的一套列式資料庫（可以把 Hbase 比作 MySQL 資料庫，把 HDFS 比作 Linux 檔案系統）。Hbase 在 HDFS 上提供了高併發的隨機寫入和即時查詢能力。同時，由於 Hbase 是基於 HDFS 建構的，因此能以很低的成本支援巨量資料儲存。最後，Hbase 在建立資料表時，只需指定到欄族，不需要指定具體建立多少列，以及這些列的資訊，所以在儲存資料時 Hbase 擁有很大的靈活性。

Hbase 透過「RowKey（行鍵）+ 欄族 + 列名稱 + 時間戳記（版本）」確定唯一一個欄位，而預設的資料檢索能力主要集中在 RowKey 上，所以 RowKey 的設計是 Hbase 資料表設計的重要一環。

RowKey 的設計通常可以分為兩種，即隨機查詢 RowKey 和範圍查詢 RowKey。

隨機查詢 RowKey 的使用場景一般是透過 RowKey 精確定位到一筆資料，不會進行 scan 之類的範圍查詢操作。這類 RowKey 一般會要求 RowKey 能均勻分佈到不同資料節點上，從而有效應用每一個資料節點的儲存和運算能力，避免因為資料傾斜而造成資料熱點。一般的做法是將設計好的 RowKey，經過 Hash 演算法得到的字元形式作為 RowKey。

範圍查詢 RowKey 的使用場景是專門用來支援 scan 這類的範圍查詢操作。這類 RowKey 一般希望能將相鄰資料儲存在一起，並且在設計 RowKey 時，要充分利用 Hbase 對 RowKey 的首碼檢索能力。

在 OpenID 場景中，主要目標是透過 OpenID 精確定位到對應的 UserID，並且 OpenID 本身就是經過 Hash 演算法後的字元形式，所以符合隨機查詢 RowKey 的使用場景。針對該場景，本書設計了如範例 4.7 所示的資料表結構以滿足業務需求。

在設計時，設計了 info_1 和 info_2 兩個欄族。

行鍵	info_1（欄族）			info_2（欄族）			時間戳記
	client_id	user_id	...	client_id	user_id	...	
open_id_1	client_id_1	user_id_1	...	...	...	...	T
open_id_2	client_id_1	user_id_2	...	...	...	...	T
open_id_3	client_id_2	user_id_1	...	...	...	...	T

t 範例 4.7 Hbase 中的 OpenID 與 UserID 的映射關係

其中，info_2 欄族的作用是在 Hash 因衝突而導致 OpenID 重複的情況下，依然能透過 OpenID 和 ClientID，找到對應的 UserID。

因為，雖然 SHA-256 演算法產生的結果，不同於輸入只存在理論上重複的可能性，但是為了確保業務萬無一失，需要設計 info_2 欄族儲存重複的使用者資訊，這種思想類似於基於列表的方式處理 Hash 衝突。

經驗
在編者親歷的億級使用者系統中，雖然為了防止 Hash 衝突，而設計了 info_2 欄族，但是該欄位從未被使用過。

有了範例 4.7 的資料結構後，在插入 OpenID 時，需要使用 Hbase 提供的原子性操作（checkAndPut 命令）。

首先嘗試插入 info_1 欄族中，如果插入失敗，則查詢 info_1 欄族中的值，將查詢到的值和要插入的值分別與 client_id 和 user_id 進行對比。

如果對比一致，則說明有其他執行緒寫入了相同的 OpenID 資訊，不需要重複寫入了，直接放棄插入操作。

如果對比不一致，則說明 info_1 欄族被其他 OpenID 所佔用，嘗試將資料插入 info_2 欄族。如果插入 info_2 欄族失敗，則查詢 info_2 欄族中的值，將查詢到的值和要插入的值分別與 client_id 和 user_id 進行對比。

同樣地，如果對比一致，則說明有其他執行緒寫入了相同的 OpenID 資訊，不需要重複寫入了，直接放棄插入操作。

如果不一致，則說明已經沒有位置再插入 OpenID 了，直接顯示出錯（這種情況基本不會發生）。

當需要透過 OpenID 查詢對應的 UserID 時，優先查詢 info_1 欄族中的資訊，核對 ClientID 是否一致，如果不一致，則嘗試查詢 info_2 欄族中的資訊，再核對 ClientID 是否一致，如果還不一致，則顯示出錯。

4.3.4　基於 Hash 演算法的 OpenID 方案總結

基於 Hash 演算法的 OpenID 方案直接透過計算，就能從 UserID 和 ClientID 轉為 OpenID，整個過程不依賴於任何的外部系統。但是從 OpenID 和 ClientID 轉為 UserID，仍然需要持久化的對應關係支援，所以仍然需要儲存對應關係。但是與 4.2 節的基於自動增加 ID 的 OpenID 方案相比，基於 Hash 演算法的 OpenID 方案只需儲存從 OpenID 到 UserID 的單向對應關係即可。

由於查詢過程中只需使用 OpenID 作為 Key，沒有複雜的查詢準則和連結關係，因此可以使用像 Hbase 這種專門為儲存巨量資料設計的 NoSQL 資料庫來替代 MySQL 這種關聯式資料庫，從而在根本上緩解因數據量增長，而給儲存系統帶來的儲存壓力和存取壓力。

4.4　基於對稱加密演算法的 OpenID 方案

4.4.1　概述

在 4.2 節和 4.3 節的 OpenID 方案中，或多或少都需要持久化儲存 OpenID、ClientID 和 UserID 之間的對應關係。隨著第三方應用的使用者活躍度增加，以及開放平臺的系統使用者量增加，維持 OpenID、ClientID 和 UserID 之間的對應關係所使用的儲存空間壓力和性能壓力都會隨之增加。

而一般的 Web 服務和 CPU 使用率都不會很高，也就是說，這部分運算資源被白白浪費掉了。基於對稱加密演算法的 OpenID 方案，就是將儲存壓力轉為計算壓力的一種 OpenID 方案。

4.4.2　對稱加密演算法簡介

對稱加密演算法是應用較早的加密演算法，技術成熟。在對稱加密演算法中，資料發送方將明文（原始資料）使用金鑰經過演算法處理，在得到複雜的加密後才進行發送。資料接收方收到加密後，若想解讀明文資訊，則需要使用加密時相同的金鑰進行解密。在對稱加密演算法中，資料發送方和資料接收方都使用同一個金鑰分別對資料進行加密和解密，這就要求資料接收方事先必須知道加密金鑰，或資料發送方透過一種安全方式將金鑰傳遞給資料接收方（通常會基於非對稱加密演算法傳遞金鑰）。

現代加密演算法分為序列密碼和區塊編碼器兩類。其中，序列密碼將明文中的每個字元單獨加密後再組合成加密；而區塊編碼器將原文分為若干個組，每個組進行整體加密，其最終加密結果依賴於同組的各位字元的具體內容。也就是說，分組加密的結果不僅受金鑰影響，還會受到同組其他字元的影響。序列密碼的安全性看上去要更弱一些，但是由於序列密碼只需對單一位元操作，因此執行速度比分組加密要快得多。目前的區塊編碼器都比序列密碼要更安全一點。在實際運用中，常被使用的是區塊編碼器。在區塊編碼器中，應用廣泛的是資料加密標準（DES）和高級加密標準（AES）。

在對稱加密演算法中，常用的演算法有 DES、3DES、AES、IDEA 和 RC4 等。各個演算法的概要介紹如下。

- DES 演算法：1977 年，美國標準局（NBS）發佈了資料加密標準（DES），並且在之後的 20 年內都是美國政府所使用的標準加密方式。它是一種區塊編碼器，以 64bit 為分組對資料進行加密，其金鑰長度為 56bit，加密、解密用同一演算法。但是，由於後續推出的 AES 演算法在各方面表現都優於 DES，並且目前 DES 演算法加密的結果已經可以在有效時間內被破解，因此在實際生產中幾乎不再使用 DES 加密演算法。不過，該演算法作為對稱加密演算法的基石，具有學習價值。

- 3DES 演算法：基於 DES 的改進演算法，對一組資料用 3 個不同的金鑰進行 3 次加密，強度更高。該演算法的出現是為了補救 DES 演算法不安全的問題。但是，該演算法計算速度慢、系統資源消耗量大，並且加密結果安全性也不是很高，因此在實際生產中也沒有得到廣泛應用。

- AES 演算法：AES 至今仍然是最強大的對稱加密演算法。目前還不存在從技術上破解 AES 加密結果的有效方法。AES 是密碼學中的高級加密標準，該演算法採用對稱區塊編碼器體制，支援的金鑰長度可為 128bit、192bit、256bit，分組長度為 128bit，演算法易於被各種硬體和軟體實現。

這種加密演算法是美國聯邦政府採用的區塊加密標準，AES 標準作為
DES 標準的替代者，已經廣為全世界所使用。該演算法金鑰建立時間短、
靈敏度高、記憶體需求低且安全性高。

- IDEA 演算法：這種演算法是在 DES 演算法的基礎上發展出來的，類似於
  3DES 演算法。發展 IDEA 也是為了克服 DES 金鑰太短等缺點。IDEA 的
  金鑰長度為 128 bit，這麼長的金鑰在今後若干年內是安全的。IDEA 演算
  法擁有自身獨立的演算法系統，不受外在加密技術限制，因此有關 IDEA
  演算法和實現技術的書籍都可以自由出版和交流，可極大地促進 IDEA 的
  發展和完善。該演算法常用在電子郵件加密上。

- RC4 演算法：於 1987 年提出，和 DES 演算法一樣，是一種對稱加密演算
  法。但不同於 DES 演算法的是，RC4 演算法不是對明文進行分組處理，
  而是以位元組流的方式，依次加密明文中的每個位元組。解密時也是依次
  對加密中的每個位元組進行解密（對應於序列密碼）。RC4 演算法的特點
  是簡單，執行速度快，並且金鑰長度是可變的，可變範圍為 1 ～ 256 位元
  組（8 ～ 2048bit）。在現有技術支援的前提下，當金鑰長度為 128bit 時，
  用暴力法搜索金鑰已經不太可行，所以能預見 RC4 演算法的金鑰範圍，
  能在今後相當長的時間裡抵禦暴力法搜索金鑰的攻擊。實際上，直到現在
  也沒有找到對於 128bit 金鑰長度的 RC4 加密演算法的有效攻擊手段。

4.4.3 基於對稱加密演算法的 OpenID 實踐

具體採用哪種對稱加密演算法，可以根據現有系統系統和基礎環境決定，這
裡選用被認為最安全、最高效的 AES 加密演算法。

在對稱加密演算法中，由於加密和解密操作都需要使用相同的金鑰，因此保
障金鑰安全是保障資料安全的核心。在基於對稱加密演算法的 OpenID 方案中，
對資料加密和解密都發生在授權系統內，所以不存在金鑰在傳輸過程中洩露的安
全問題。同時，為了在第三方應用之間進行資料隔離，需要為每個第三方應用設
置獨立的金鑰。這樣就算一個第三方應用的金鑰洩露了，也不會將影響擴散到其
他的第三方應用。第三方應用資訊資料結構如範例 4.8 所示。

主鍵 ID	ClientID	...	AESKey
...	2d3265e7-3dec-4f53-98f8-7f1fd9af5659	...	金鑰 1
...	26c71858-babe-47dd-899a-6a8008993380	...	金鑰 2
...	...	...	...

t 範例 4.8　第三方應用資訊資料結構

第三方應用在註冊時，會隨機分配一個金鑰，由於 AES 演算法的金鑰長度可以為 128bit、192bit 或 256bit（隨著長度增加加密輪數會增加，安全性也會更強），因此隨機分配金鑰可以使用不附帶「-」的 UUID（恰好 256bit）。

基於範例 4.8 並結合 AES 對稱加密演算法，可以按照以下步驟進行 OpenID 和 UserID 之間的關係轉換。

步驟 1　生成 OpenID。

從 UserID 轉為某個第三方應用的 OpenID 主要進行以下操作。

- 根據第三方應用的 ClientID 獲取對應的 AESKey。
- 使用 AESKey 對 UserID 拼接 ClientID 前 4 位元的結果進行加密。
- 使用 4.3 節中 URL 安全的 Base64 編碼對加密結果進行編碼，從而得到最終的 OpenID。

虛擬程式碼如範例 4.9 中 openId() 方法所示。AESUtil 是自訂的 AES-256 加密工具類別，使用 encrypt() 方法透過金鑰將明文加密為 byte 陣列。

```java
public class AesOpenIdDemo {
    /**
     * @param clientId 第三方應用的唯一標識，這裡為 UUID
     * @param aesKey 第三方應用生成的金鑰
     * @param userId 系統內部使用者 ID
     * @return openId
     */
    public String openId(String clientId, String aesKey, String userId) {
        byte[] encryptResult = AESUtil.encrypt(aesKey, userId +
clientId.substring(0, 4));
        return Base64.encodeBase64URLSafeString(encryptResult);
    }
```

```
        /**
         * @param clientId 第三方應用的唯一標識，這裡為 UUID
         * @param aesKey 第三方應用生成的金鑰
         * @param openId
         * @return 系統內部使用者 ID
         */
        public String userId(String clientId, String aesKey, String openId) {
            String decryptResult = AESUtil.decrypt(aesKey, Base64.
    decodeBase64(openId));
            if (decryptResult.length() < 4) {
                // 使用了 4 位元組進行填充，結果小於 4 是不可能的
                return null;
            }
            String userId = decryptResult.substring(0, decryptResult.
    length() - 4);
            String prefix = decryptResult.substring(decryptResult. length() - 4);
            if (!prefix.equalsIgnoreCase(clientId.substring(0, 4))) {
                // 填充物不符合，存在問題
                return null;
            }
            return userId;
        }
    }
```

t 範例 4.9 對稱加密 OpenID 程式範例

步驟 2 透過 OpenID 獲取 UserID。

從某個第三方應用的 OpenID 轉為 UserID 主要進行以下操作。

- 使用 Base64 演算法將 OpenID 解碼為 byte 陣列。
- 根據第三方應用的 ClientID 獲取對應的 AESKey 對 byte 陣列進行解密。
- 截取掉上一步拼接的 ClientID 前 4 位元後，得到最終的 UserID。

虛擬程式碼如範例 4.9 中 userId() 方法所示。該方法是 openId() 方法的逆過程，AESUtil 的 decrypt() 方法，透過金鑰將 byte 陣列解密為明文。同時，在該方法中增加一些必要的驗證，即驗證解密結果長度必須大於 4bit，並且解密結果的最後 4 位元必須和 ClientID 的前 4 位元相同。只有驗證通過的解密結果，才是合法的解密結果。

4.4.4　基於對稱加密演算法的 OpenID 方案總結

以上步驟完整地展示了使用對稱加密演算法生成和解析 OpenID 的全流程。在該方案中，完全不需要儲存 OpenID、ClientID 和 UserID 之間的對應關係，不會面臨隨著使用者數和第三方應用數的增長，所帶來的儲存空間和性能等方面的壓力。

雖然該方案為每個第三方應用額外儲存了一個 AESKey 金鑰欄位，但是在收到第三方應用請求時，會對應用資訊進行必要的驗證工作。這些驗證都會查詢第三方應用的詳細資訊，並且為了能有效支撐業務的高併發需求，通常會將第三方應用資訊進行快取。在第三方應用快取資訊中會包含 AESKey 欄位，不會在請求過程中增加額外的 I/O 請求。

該方案中 AESKey 的數量和第三方應用的數量會保持一致，不會像 OpenID、ClientID 和 UserID 之間的對應關係那樣，隨著使用者和第三方應用的活躍度增加而迅速增長。

在該方案中，即使某個第三方應用的 AESKey 洩露，也只是該第三方應用能獲取真實 UserID，其他第三方應用依然無法獲取真實 UserID，從而避免不同第三方應用之間進行使用者串聯。

如果能確保 AESKey 的安全，則可以使用一個全域的 AESKey，這樣該 AESKey 就可以常駐記憶體，為所有的第三方應用提供 OpenID 和 UserID 之間的轉換功能。但是，AESKey 一旦洩露，所有的第三方應用都能獲取原始的 UserID，因此這些第三方應用之間就可以無障礙地共用他們所持有的使用者資訊。

除此之外，還有一種方式類似於這種全域唯一的 AESKey 方式，即提供一種全域唯一的金鑰提取演算法。舉例來說，如果使用 AES-128，則金鑰的長度為 128bit，也就是 16Byte。因為 ClientID 為 UUID，將「-」去掉後有 32 位元，即 2d3265e7-3dec-4f53-98f8-7f1fd9af5659 去掉「-」後為 2d3265e73dec4f5398f87f1fd9af5659，仍然是唯一的。因為 UUID 實際的每一位元代表的是一個十六進位數，所以能代表 0 ～ 15 的數。從字元角度來看，UUID 的每一位元都能代表 1Byte，也就是 8bit，所以 16 個字元就可以作為 AES-128 的金鑰。

基於這個前提，可以定義以下演算法。

（1）將 ClientID 的 UUID 值去掉「-」。

（2）將步驟（1）得到的結果的第一個字元轉為十進位數字，並作為偏移量 X。

（3）將以偏移量 X 為起始點截取的 16 個字元作為 ClientID 所對應的金鑰。

在以上演算法中，由於偏移量 X 最大值為 15bit，而步驟（1）得到的結果長度為 32bit，截取的字串長度為 16bit，因此不會發生字串位元數不足的問題。

這種基於統一演算法的方式和基於統一 AESKey 的方式，從本身性質上來看是一樣的，所以存在的缺點也一樣。

◀ 4.5 基於嚴格單調函數的 OpenID 方案

4.5.1 相關概念

設 $F(x)$ 函數的定義域為 I。

如果對於屬於 I 內某個區間上的任意兩個引數的值 x_1、x_2，當 $x_1 > x_2$ 時都有 $F(x_1) \geq F(x_2)$，則 $F(x)$ 在該區間上為不減函數；如果 $F(x_1) > F(x_2)$，則 $F(x)$ 在該區間上為增函數。

如果對於屬於 I 內某個區間上的任意兩個引數的值 x_1、x_2，當 $x_1 > x_2$ 時都有 $F(x_1) \leq F(x_2)$，則 $F(x)$ 在該區間上為不增函數；如果 $F(x_1) < F(x_2)$，則 $F(x)$ 在該區間上為減函數。

增函數和減函數統稱為單調函數。

如果繞開嚴格的數學定義，並且只討論嚴格單調函數，則可以舉出以下簡單定義：對於 $F(x)$ 函數定義域中的任意的 $x_1 > x_2$，必有 $F(x_1) > F(x_2)$ 或 $F(x_1) < F(x_2)$，那麼 $F(x)$ 為嚴格單調函數。

嚴格單調函數有一個性質，就是該函數一定存在反函數。

反函數定義如下。

設 $y=F(x)$ 函數的定義域為 I，值域為 $F(I)$。如果對於值域 $F(I)$ 中的每一個 y，在 I 中有且只有一個 x 使得 $x=G(y)$，則按照此對應法則得到一個定義域在 $F(I)$ 上的函數，該函數即為 $y=F(x)$ 的反函數。

4.5.2 基於嚴格單調函數的 OpenID 實踐

根據以上定義，對一個擁有反函數的 $y=F(x)$ 函數來說，其任意定義域中的 x，都能透過 F 的函數作用推斷出唯一的 y；同時，其任意值域中的 y，都能透過 F 的反函數作用推斷出唯一的 x。這種轉換恰好符合 OpenID 的轉換需求。

設 x 為 UserID，y 為 OpenID，每個 ClientID 都對應於唯一的嚴格單調函數 $y=F(x)$。那麼給定的每一個 UserID，都可以透過 ClientID 所對應的 F，推斷出 ClientID 下唯一的 OpenID；而給定唯一的 OpenID，也可以透過 ClientID 所對應的 F，反推出唯一的 UserID。

在實際應用中，由於函數計算的結果都是數值結果，因此需要提供一種 UserID、OpenID 與 x、y 之間相互轉換的編解碼能力。

在編解碼過程中，會將 UserID、OpenID 轉為數值 x、y，該過程被稱為開發過程；同時會將數值 x、y 轉為 UserID 和 OpenID，該過程被稱為解碼過程。

如何生成嚴格單調函數，以及如何對嚴格單調函數的輸入輸出進行編解碼有很多途徑。這裡介紹一種簡單的基於一元一次函數的轉換方案。

形如 $y=kx+b(k \neq 0)$ 的函數被稱為一元一次函數（Linear Function of One Variable）。

一元一次函數 $y=kx+b(k \neq 0)$ 具有以下性質。

- 在平面直角座標系中，其影像是一條直線，當 $k>0$ 時，函數是嚴格增函數；當 $k<0$ 時，函數是嚴格減函數。
- 函數在 R 上處處連續、處處可微，且存在任意階導數。

有了相關前置知識後，下面對方案的詳細內容介紹。

該方案在生成 OpenID 時,最重要的步驟是,為每個第三方應用生成全域唯一的一元一次函數,同時第三方應用和系統使用者都要擁有唯一的數值型 ID。

假設將全域自動增加 ID 作為第三方應用和系統使用者唯一的數值型 ID,在忽略掉不重要的資訊後,得到如範例 4.10 所示的第三方應用資訊資料表和如範例 4.11 所示的使用者資訊資料表。

其中,ID 欄位就是全域自動增加 ID,「一元一次函數」欄位儲存著每個第三方應用中全域唯一的一元一次函數。

ID	ClientID	...	一元一次函數
1	...	...	$y=x+1$
2	...	...	$y=-x+2$
3	...	...	$y=x+3$

t 範例 4.10 第三方應用資訊表

ID(UserID)	...	UserName
1	...	...
2	...	...
3	...	...

t 範例 4.11 使用者資訊資料表

下面將基於如範例 4.10 和範例 4.11 所示的資訊資料表,透過生成一元一次函數、將 UserID 轉為 OpenID、將 OpenID 轉為 UserID 三個步驟來介紹本方案。

1.生成一元一次函數

對於形式為 $y=kx+b(k \neq 0)$ 的一元一次函數,在建立第三方應用時,首先會隨機生成一個設定值為 1 或 -1 的 k 值,然後將該第三方應用的 ID 值(範例 4.10 中 ID 欄位的值)作為 b 值,以便最終確定唯一一個函數 $y=kx+b(k=1$ 或 $k=-1)$。

隨機生成一個 k 的具體方案多種多樣,其中最簡單的方式,就是取一個 0 ~ 1 的隨機小數,如果該小數大於 0.5,則 k 設定值為 1,如果該小數小於或等於 0.5,則 k 設定值為 -1,虛擬程式碼如範例 4.12 所示。

```java
public class KDemo {
  /**
   * 隨機生成一個 1 或 -1 的 k 值
   * @return 隨機生成的 k 值
   */
  public int randomK() {
      double v = ThreadLocalRandom.current().nextDouble(1);
      if (v > 0.5) {
          return 1;
      } else {
          return -1;
      }
  }
}
```

t 範例 4.12　隨機 k 值生成程式範例

範例 4.12 使用了 Java 標準函數庫中的 ThreadLocalRandom（在 JDK7 以後提供的一種多執行緒並行的亂數產生類別）。該類別透過為每個執行緒單獨維護一個 seed（亂數產生種子），從而避免在生成隨機數時多執行緒併發獲取同一個 seed 所帶來的性能問題。

由於 k 值只能為 {1，-1}，而 b 值為第三方應用 ID 值，如果該 ID 值全域遞增且唯一，則對應的 $y=kx+b$ 一定是全域唯一的。

這裡的 k 也可以指定為一個固定的整數值，如 5，那麼一元一次函數的格式固定為 $y=5x+b$。那麼每一個唯一 b 值也能對應一個唯一的一元一次函數。

2 · 將 UserID 轉為 OpenID

如圖 4-6 所示，在生成 OpenID 時，總是有某個系統使用者對某個第三方應用進行授權，所以在生成 OpenID 時，一定可以得到第三方應用資訊和系統使用者資訊。其詳細轉換流程如下。

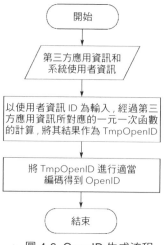

▲ 圖 4-6 OpenID 生成流程

步驟 1 　將系統使用者資訊的 ID 作為第三方應用資訊中所儲存的一元一次函數的輸入 x，經過該一元一次函數的計算後，得到輸出 y，並將 y 作為 TmpOpenID。

步驟 2 　對 TmpOpenID 進行編碼生成 OpenID。這裡採用一種較為模素的編碼方式：首先可以確定 TmpOpenID 一定是整數，所以將 TmpOpenID 取絕對值後所對應的字串作為 OpenID 的基準字串；然後判斷 TmpOpenID 是否小於 0，如果是，則在基準字串前補 1，否則在基準字串前補 0，並在補齊後，得到最終 OpenID。

【實例】

第三方應用資訊：{ID：1，…，一元一次函數：$y=-x+1$}；

系統使用者資訊：{ID：9，…}。

解：

將使用者資訊 ID 值 9 作為 x 代入 $y=-x+1$，得到輸出 $y=-8$；

對輸出 y 取絕對值，得到 OpenID 基準字串「8」；

由於 $y=-8$ 小於 0，要在基準字串前補 1，因此得到字串「18」；

最終字串「18」就是系統使用者對應於第三方應用的 OpenID。

3 · 將 OpenID 轉為 UserID

每次透過 OpenID 換取系統 UserID 時，都有一個確定的第三方應用來發起該請求，所以在該過程中，能得到 OpenID 和第三方應用資訊。詳細的轉換流程如圖 4-7 所示。

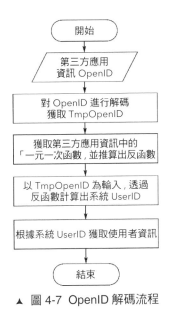

▲ 圖 4-7　OpenID 解碼流程

步驟 1　將 OpenID 從第二位元開始截取，並將得到的字串轉為整數，作為基準 TmpOpenID。取 OpenID 第一位元字元，並轉為整數，如果轉換結果為 1，則對 TmpOpenID 進行反轉；如果轉換結果為 0，則不進行任何操作。經過以上處理，得到最終的 TmpOpenID。

步驟 2　首先獲取第三方應用資訊中的一元一次函數，並獲取其反函數；然後將 TmpOpenID 作為輸入，代入到反函數中，得到的輸出結果即為系統 UserID。

【實例】

第三方應用資訊：{ID：1, ...，一元一次函數：$y=-x+1$}；

OpenID：18。

解：

將 OpenID 從第二位元開始截取並轉為整數，得到基準 TmpOpenID：8；

由於 OpenID 第一位元為 1，因此對基準 TmpOpenID 反轉，得到最終 Tmp OpenID：–8；

根據第三方應用資訊中的一元一次函數 $y=-x+1$，可以得到反函數 $x=1-y$，進行變數替換得到 $y=1-x$；

將 TmpOpenID 作為 x 代入反函數得到 $y=9$，即為系統 UserID，並根據系統 UserID 獲取系統使用者資訊。

4.5.3 基於嚴格單調函數的 OpenID 方案總結

以上是基於嚴格單調函數的特例，以及一元一次函數進行 OpenID 轉換的全部流程。該流程類似於 4.4.3 節中基於對稱加密演算法進行 OpenID 轉換流程，同樣需要在應用資訊中儲存額外資訊。不同的是，4.4 節為金鑰，4.5 節為一元一次函數。

第三方應用所儲存的這些額外資訊的數量，必然和第三方應用數量保持一致，不會隨著第三方應用和系統使用者數量的組合增長，而給系統儲存帶來壓力。

第三方應用在請求時，必然會根據 ClientID 獲取第三方應用資訊，並進行各種驗證，所以並不會因為在進行 OpenID 轉換時，需要獲取一元一次函數，而給系統帶來額外的查詢壓力。

該方案的優勢主要包括以下幾點。

- 不需要儲存 OpenID 和 UserID 之間的映射關係。
- 相比於對稱加密演算法的多輪複雜運算，該方案，尤其是一元一次函數方案，只有計算成本很低的加法或減法運算。

- 生成的 OpenID 長度較短，在億級使用者的系統中，OpenID 的長度在 10bit 左右。

當然，這種方案也存在一定缺陷。由於兩個函數可能有交點，因此同一個系統 UserID 在某個第三方應用中所對應的 OpenID，可能和其在另外一個第三方應用中所對應的 OpenID 相同。

4.6　基於向量加法的 OpenID 方案

4.6.1　UUID 簡介

UUID（Universally Unique Identifier）是一個長度為 128bit 的數值，將這個數值每 4 位元為一組轉為十六進位數，就可以得到沒有「-」分隔版本的 UUID，這種 UUID 由 32 位元十六進位陣列成，如 7490e5cb1465428bbc90bb36f4f95b17。有「-」版本的 UUID 通常會按照 8-4-4-4-12 這樣的分隔方式，對 32 位元十六進位數進行分隔。將上面所生成的 UUID 例子 7490e5cb1465428bbc90bb36f4f95b17 按照 8-4-4-4-12 的分隔方式進行分隔後，得到 36 位元包含「-」的 UUID：7490e5cb-1465-428b-bc90-bb36f4f95b17。

UUID 中有兩個有特殊含義的十六進位字元，為了清晰這裡以 36 位元包含「-」的 UUID 為例：

```
xxxxxxxx-xxxx-Mxxx-Nxxx-xxxxxxxxxxxx
```

上面範例中的數字 M，表示 UUID 版本，當前規範有 5 個版本，所以 M 的可選值有 1、2、3、4、5。數字 N 對應位元值的高 3 位元，代表 UUID 變形，而當前的 UUID 規範中前兩位元固定為 1 和 0，所以數字 N 一定是 10xx（x 取 0 或 1）的形式，即數字 N 只能取 8、9、a、b 四個值。變形的作用是決定 UUID 的版面設定（詳情可參考 RFC412-2）。

UUID 各版本概述如下。

（1）UUID version 1：基於時間的 UUID。

基於時間的 UUID 可以透過計算當前時間戳記、隨機數和機器 MAC 位址得到。由於在演算法中使用了 MAC 位址，因此這個版本的 UUID 可以保證在全世界的唯一性。但與此同時，使用 MAC 位址會帶來安全性問題，這也是這個版本 UUID 備受批評的地方。如果只在區域網中使用，則可以使用退化的演算法，以 IP 位址代替 MAC 位址。Java 的 UUID 往往是這樣實現的（當然也考慮了獲取 MAC 的難度）。

（2）UUID version 2：DCE 安全的 UUID。

DCE（Distributed Computing Environment）安全的 UUID，和基於時間的 UUID 演算法相同，但會把時間戳記的前 4 位元置換為 POSIX（Portable Operating System Interface）的 UID 或 GID。這個版本的 UUID 在實際中較少用到。

（3）UUID version 3：基於名稱的 UUID（MD5）。

基於名稱的 UUID 可以透過計算名稱和名稱空間的 MD5 散列值得到。這個版本的 UUID 保證了在相同名稱空間中，不同名稱生成的 UUID 的唯一性。也就是說，在相同名稱空間中，相同名稱的 UUID 重複生成是相同的。

（4）UUID version 4：隨機 UUID。

根據隨機數或虛擬亂數生成 UUID。這種 UUID 產生重複的機率是可以計算出來的，但隨機的東西就像是買彩券，指望它發財是不可能的，但「狗屎運」通常會在不經意中到來。所以，這種 UUID 在實際生產中也不會使用。

（5）UUID version 5：基於名稱的 UUID（SHA1）。

與版本 3 的 UUID 演算法類似，只是散列值計算使用 SHA1（Secure Hash Algorithm 1）演算法。

4.6.2 基於向量加法的 OpenID 實踐

將無「-」分隔版本的 UUID 的每一位元十六進位數，當作一個維度的座標值，那麼該版本的 UUID 就變成了一個 32 維空間中的向量。為了能在這個 32 維空間中進行十六進位數向量加法，需要將十六進位數擴充為三十一進位數的形式。現在定義三十一進位數規範如下。

使用 31 個字元 0、1、2、3、4、5、6、7、8、9、a、b、c、d、e、f、g、h、i、j、k、l、m、n、o、p、q、r、s、t、u 分別對應於十進位數字中的 0、1、2、3、4、5、6、7、8、9、10、11、12、13、14、15、16、17、18、19、20、21、22、23、24、25、26、27、28、29、30。

由於該三十一進位數規範是基於十六進位數規範（0～f）進行擴充的，因此十六進位數可以很簡單地融入該三十一進位數規範中。並且由於十六進位數最大為 f，f+f=u（對應於十進位數字中的 15+15=30），因此將十六進位數融入三十一進位數後，融入的任意兩個數進行相加都不會產生進位操作。這樣一來，在進行向量加法運算時，每個座標位元對應相加後依然是單一字元，不會帶來字串長度擴增的問題。

為了能利用 UUID 在 32 維空間中進行向量的加法或減法運算，需要為第三方應用和系統使用者在建立時生成一個 UUID 並持久化。其中，第三方應用資訊的資料結構如範例 4.13 所示，使用者資訊的資料結構如範例 4.14 所示。

ID	ClientID	...	UUID
1	...	...	...
2	...	...	...
3	...	...	...

t　範例 4.13　第三方應用資訊的資料結構

ID	...	UUID
1	...	...
2	...	...
3	...	...

t　範例 4.14　使用者資訊的資料結構

下面基於範例 4.13 和範例 4.14 的資料結構，透過將 UserID 轉為 OpenID 和將 OpenID 轉為 UserID 這兩個互逆流程來介紹本方案。

1 · 將 UserID 轉為 OpenID

定義 ClientID 所對應的 32 維向量為 $\overrightarrow{CV}$，定義 UserID 對應的 UUID 所對應

的 32 維向量為 $\overrightarrow{UV}$，其中每一位元的字元代表相應維度的座標值，使用座標法表示一個具體向量，那麼 UUID 值 c6b0c79f0bfa4f75a4105a1650f4414b 對應的向量的形式為一個小括號包含著用逗點分隔的各個維度的座標，即（c, 6, b, 0, c, 7, 9, f, 0, b, f, a, 4, f, 7, 5, a, 4, 1, 0, 5, a, 1, 6, 5, 0, f, 4, 4, 1, 4, b）。

再定義 OpenID 所對應的 32 維向量為 $\overrightarrow{OV}$。

首先，根據向量加法在三十一進位的形式下進行向量加法運算，如計算 $\overrightarrow{OV}$，即 $\overrightarrow{OV} = \overrightarrow{CV} + \overrightarrow{UV}$。

然後，將 $\overrightarrow{OV}$ 中的各座標依次連接組成的字串作為 OpenID，該 OpenID 在 ClientID 所對應的第三方應用下唯一，證明如下。

證明：根據 UUID 生成策略可以明確 $\overrightarrow{CV}$ 和 $\overrightarrow{UV}$ 都是唯一的。在 $\overrightarrow{OV} = \overrightarrow{CV} + \overrightarrow{UV}$（式 1）的前提下，假設存在 $\overrightarrow{UV1}$（另一個使用者的 UUID 對應的向量，$\overrightarrow{UV1} \neq \overrightarrow{UV}$）使得 $\overrightarrow{OV} = \overrightarrow{CV} + \overrightarrow{UV1}$（式 2）。

根據式 1 及向量加法逆運算可得 $\overrightarrow{UV} = \overrightarrow{OV} - \overrightarrow{CV}$，根據式 2 及向量加法逆運算可得 $\overrightarrow{UV1} = \overrightarrow{OV} - \overrightarrow{CV}$，從而推出 $\overrightarrow{UV1} = \overrightarrow{UV}$ 的假設不成立，證明完畢。

下面舉例說明如何生成 OpenID。

設 ClientID 所對應的 UUID 為 c6b0c79f0bfa4f75a4105a1650f4414b。

設 UserID 所對應的 UUID 為 a45a5d65a89d4b7d879d1471b2787d3e。

轉為向量後得到對應的 $\overrightarrow{CV}$ 和 $\overrightarrow{UV}$。

$\overrightarrow{CV}$ =（c, 6, b, 0, c, 7, 9, f, 0, b, f, a, 4, f, 7, 5, a, 4, 1, 0, 5, a, 1, 6, 5, 0, f, 4, 4, 1, 4, b）。

$\overrightarrow{UV}$ =（a, 4, 5, a, 5, d, 6, 5, a, 8, 9, d, 4, b, 7, d, 8, 7, 9, d, 1, 4, 7, 1, b, 2, 7, 8, 7, d, 3, e）。

根據座標向量加法在三十一進位的形式下執行 $\overrightarrow{CV} + \overrightarrow{UV}$（根據前文所述，由於 UUID 是十六進位數，因此在三十一進位的形式下兩位相加，必然能用一個三十一進位數進行表示）。最終得到 $\overrightarrow{OV}$。

$\overrightarrow{OV}$ =（m, a, g, a, h, k, f, k, a, j, o, n, 8, q, e, i, i, b, a, d, 6, e, 8, 7, g, 2, m, c, b, e, 7, p）。

最後，將向量轉為字串，得到 OpenID 值為 magahkfkajon8qeiibad6e87g2m-cbe7p。

2·將 OpenID 轉為 UserID

將 OpenID 轉為 UserID，是將 UserID 轉為 OpenID 的逆向過程，這時一定能獲取 ClientID 和 OpenID。也就是說，一定能推導出對應的 $\overrightarrow{OV}$ 和 $\overrightarrow{UV}$，由於合法的 $\overrightarrow{OV}$ 等於 $\overrightarrow{CV} + \overrightarrow{UV}$，並且每一個座標位元一定是一個三十一進位數，因此在收到請求後，首先驗證 $\overrightarrow{OV}$ 的每一個座標位元所對應的數是否確實為三十一進位數，如果不是，則直接走錯誤處理流程即可；然後根據 $\overrightarrow{UV} = \overrightarrow{OV} - \overrightarrow{CV}$ 推導出 $\overrightarrow{UV}$，在相減過程中，如果有任何一個向量座標位元所對應的值小於 0，則 OpenID 一定是非法的，走錯誤處理流程即可；最後將得到的 $\overrightarrow{UV}$ 轉為字串後，便得到 UserID 所對應的 UUID，並根據該 UUID 查詢使用者資訊，如果使用者資訊不存在，則 OpenID 也是非法的，走錯誤處理流程即可。

繼續使用將 UserID 轉為 OpenID 的例子來說明將 OpenID 轉為 UserID 的過程，具體如下。

設 OpenID 為 magahkfkajon8qeiibad6e87g2mcbe7p。

設 ClientID 所對應的 UUID 為 c6b0c79f0bfa4f75a4105a1650f4414b。

轉為向量後得到對應的 $\overrightarrow{OV}$ 和 $\overrightarrow{CV}$。

$\overrightarrow{OV} = ($ m, a, g, a, h, k, f, k, a, j, o, n, 8, q, e, i, i, b, a, d, 6, e, 8, 7, g, 2, m, c, b, e, 7, p$)$。

$\overrightarrow{CV} = ($ c, 6, b, 0, c, 7, 9, f, 0, b, f, a, 4, f, 7, 5, a, 4, 1, 0, 5, a, 1, 6, 5, 0, f, 4, 4, 1, 4, b$)$。

利用座標向量減法在三十一進位的形式下進行運算，得到 $\overrightarrow{UV}$。

$\overrightarrow{UV} = ($ a, 4, 5, a, 5, d, 6, 5, a, 8, 9, d, 4, b, 7, d, 8, 7, 9, d, 1, 4, 7, 1, b, 2, 7, 8, 7, d, 3, e$)$。

將向量轉為字串 U，從而得到 UserID 所對應的 UUID 值 a45a5d65a89d-4b7d879d1471b2787d3e，並根據該 UUID 查詢對應的使用者資訊。

總結

基於向量加法的 OpenID 方案

以上是根據向量加法生成 OpenID 和還原 UserID 的全流程，從中可以看到這種方式生成的 OpenID 只能保證在第三方應用下是唯一的，而不能保證是全域唯一的。

同時，由於生成的 OpenID 是定義的三十一進位形式下的數，只能包含 0、1、2、3、4、5、6、7、8、9、a、b、c、d、e、f、g、h、i、j、k、l、m、n、o、p、q、r、s、t、u 這 31 個字元，且都是 URL 安全的，因此可以放心地在 Web 應用中進行使用，而不需要進行任何的編碼和解碼操作。

最後基於向量加法生成 OpenID 時，運算量也比較小，只有 32 次加法或減法運算，以及一些字串的拼接操作。相比於對稱加解密的方案，該方案的運算速度會比較快。

4.6.3 矩陣乘法想法擴充

在基於向量加法生成 OpenID 方案的基礎上，還可以基於向量乘法進行 OpenID 生成，但是這種方案還不成熟，這裡做為想法拓展進行分享。

與基於向量加法生成 OpenID 方案的方式相同，基於向量乘法的 OpenID 生成方案依然以 UUID 為基礎，不過使用的 UUID 是帶有「-」的 UUID。這種形式的 UUID 由 36 個字元組成（額外存在 4 個「-」），類似 57e3caf0-619c-5af7-a74f-8368391e21b9。

將 57e3caf0-619c-5af7-a74f-8368391e21b9 中的「-」全部替換為數字 1，那麼替換後的 UUID 依然是唯一的。替換後的 UUID 變成以下格式：

```
57e3caf01619c15af71a74f18368391e21b9
```

其中加粗的部分是用「1」替換「-」的位置。

該字串中正好有 36 個字元，那麼將 6 個字元作為一行，進行分組就可以分為 6 行，用矩陣的角度看就得到一個 6×6 的矩陣，如範例 4.15 所示。

　　將範例 4.15 中的十六進位數全部轉為十進位數字，就得到如範例 4.16 所示的矩陣。

$$
\begin{matrix}
5 & 7 & e & 3 & c & a \\
f & 0 & 1 & 6 & 1 & 9 \\
c & 1 & 5 & a & f & 7 \\
1 & a & 7 & 4 & f & 1 \\
8 & 3 & 6 & 8 & 3 & 9 \\
1 & e & 2 & 1 & b & 9
\end{matrix}
\qquad
\begin{matrix}
5 & 7 & 14 & 3 & 12 & 10 \\
15 & 0 & 1 & 6 & 1 & 9 \\
12 & 1 & 5 & 10 & 15 & 7 \\
1 & 10 & 7 & 4 & 15 & 1 \\
8 & 3 & 6 & 8 & 3 & 9 \\
1 & 15 & 2 & 1 & 11 & 9
\end{matrix}
$$

t　範例 4.15　UUID 轉換的十六進位數矩陣　t　範例 4.16　UUID 轉換的十進位數字矩陣

　　為了能有效支撐業務，需要範例 4.16 的矩陣可逆。因此，在透過 UUID 獲取範例 4.16 的矩陣後，會驗證該矩陣是否可逆，只有在可逆的情況下，才會使用該 UUID。如果矩陣不可逆，則需要重新生成 UUID，直到 UUID 所對應的矩陣可逆為止。

　　下面基於範例 4.13 和範例 4.14 的底層資料結構，透過將 UserID 轉為 OpenID 和將 OpenID 轉為 UserID 這兩個互逆流程來介紹本方案。

1・將 UserID 轉為 OpenID

　　設矩陣 U 所對應的是 UserID，形式為如範例 4.15 所示的矩陣。

　　設矩陣 C 所對應的是 ClientID，形式為如範例 4.16 所示的矩陣。

　　根據矩陣乘法算出矩陣 $O = U \times C$，得到如範例 4.17 所示的矩陣（範例 4.17 是一個真實的計算結果）。

$$
\begin{matrix}
346 & 236 & 174 & 477 & 378 & 448 \\
186 & 284 & 147 & 378 & 158 & 292 \\
229 & 301 & 212 & 564 & 353 & 429 \\
172 & 96 & 125 & 308 & 302 & 278 \\
237 & 274 & 133 & 405 & 271 & 295 \\
195 & 171 & 80 & 309 & 204 & 310
\end{matrix}
$$

t　範例 4.17　OpenID 矩陣範例

　　因為矩陣 U 和矩陣 C 都是從 UUID 變化而來的,所以每個節點的數值最大值為 15,那麼矩陣 O 中每個節點的最大值為 1350（15×15×6）,即矩陣 O 中每個節點的值最長為 4 位數。那麼,將不足 4 位的數前面補齊 0 到 4 位,並將各節點的值,按照從左到右,從上到下的順序,依次連接後,就得到長度固定為 144 位數的唯一 OpenID。

　　將範例 4.17 按照該方式編碼後,得到的 OpenID 如範例 4.18 所示。

```
03460236017404770378044801860284014703780158029202290301021205640
35304290172009601250308030202780237027401330405027102950195017100
8003090204 0310
```

t 範例 4.18 矩陣乘法 OpenID 範例

　　範例 4.18 中的加粗部分,是為了進行有效編碼而補齊的 0。當然也有其他的方式進行編碼,比如按照 UUID 的思想,用「-」分隔各位置的數字。

2‧將 OpenID 轉為 UserID

　　將 OpenID 轉為 UserID,是將 UserID 轉為 OpenID 的逆過程。首先在收到範例 4.18 的 OpenID 後,將 OpenID 以 4 位元為一組轉為整數;然後進一步轉為範例 4.17 的矩陣,從而得到矩陣 O。

　　此時,因為 ClientID 已知,所以可以得到矩陣 C,又因為在生成時進行了驗證,所以矩陣 C 一定是可逆的。根據矩陣 $O = U \times C$,可以推導出 $U = O \times C^{-1}$,進而計算出如範例 4.16 所示的矩陣 U。

　　在得到矩陣 U 後,會嘗試將矩陣 U 轉為如範例 4.15 所示的十六進位數矩陣。如果轉換失敗,則說明 OpenID 非法,直接走錯誤處理流程即可;如果轉換成功,則繼續進行逆向操作,直到還原出 UUID。最終根據 UUID 獲取使用者資訊。

總結

基於矩陣乘法的 OpenID 方案

以上就是基於矩陣乘法生成 OpenID 方案的全部內容,無論是從計算量還是生成的 OpenID 長度上來衡量,這種方案都不是首選。但是身為新想法來說,還是具有一定的分享價值的,希望能造成拋磚引玉的作用。

4.7　OpenID 小結

前面的幾個小節，針對生成 OpenID 的方案進行了介紹，這些方案沒有優劣之分，只有最適合於當前業務場景的方案。

這些生成 OpenID 的方案可以歸納為以下兩類。

- 基於映射關係儲存進行 OpenID 和 UserID 之間的轉換。
- 基於可逆運算進行 OpenID 和 UserID 之間的轉換。

其中，基於自動增加 ID 和 Hash 演算法的 OpenID 方案屬於第一類，基於嚴格單調函數、基於對稱加密演算法和基於向量加法的 OpenID 方案屬於第二類。相信 OpenID 的生成方案不會只侷限於以上幾種，大家可以拓寬想法，尋找適合自己的 OpenID 生成方案。

在使用 OpenID 時，還有一些相關注意事項，下面將對這些注意事項進行討論。

第一，OpenID 作為快取 Key 時的注意事項。為了能緩解系統壓力，通常會將熱點的 OpenID 資訊快取在 Redis 這類的記憶體中資料庫，甚至是本地快取中。這樣得到 OpenID 後，就能快速獲取對應的使用者資訊。

但是，在使用不同方式的 OpenID 作為快取 Key 時，需要注意這些 OpenID 唯一性的範圍。有的方式生成的 OpenID 是全域唯一的，而有的方式生成的 OpenID 只保證在 ClientID 下唯一。

由於 OpenID 的定義為系統使用者在第三方應用的唯一標識，因此任何版本的 OpenID 都會滿足在 ClientID 下唯一。那些在全域下還唯一的 OpenID，反而顯得對自身要求太過苛刻了。在授權系統中 ClientID 全域唯一，所以在將 OpenID 作為快取 Key 時，要在前面加上 ClientID 作為自身的命名空間。也就是說，要使用 ClientID 拼接 OpenID 的結果作為快取的 Key 值。

因為不會拋開 ClientID 使用 OpenID，所以在任何業務下都能有效地拼接快取 Key。

第二，使用者對第三方應用進行授權，只是 OpenID 生成場景之一，在現實中還有很多場景會生成 OpenID。所以，在進行 OpenID 評估時，要考慮是否有其他場景會生成 OpenID，以免出現因漏掉場景而導致評估結果不準確的情況，最終對系統造成嚴重影響。

這裡以一個具體的場景為例。在電子商務開放平臺中，訂單查詢功能是一個常見的對外開放功能。當外部傳回訂單資訊時，為了保護使用者隱私，會將訂單中的使用者資訊替換為使用者在該第三方應用中的 OpenID。在這個場景下，OpenID 承擔了脫敏的職責。雖然該訂單的下單使用者並沒有對獲取訂單資訊的第三方應用進行授權，但是依然生成了 OpenID。

第三，由於 OpenID 是系統使用者在第三方應用中的唯一標識，因此第三方應用一定要使用某種方式持久化 OpenID。為了使第三方應用合理地分配儲存OpenID 的空間，需要在對外文件中明確 OpenID 的最大長度。也就是說，如果沒有明確的最大長度值，則第三方應用為 OpenID 預留的儲存空間過大會浪費儲存空間，過小會在授權過程中因為無法儲存 OpenID 而顯示出錯。

第四，由於 OpenID 一般會透過 HTTP 協定進行傳輸，因此有時會出現在get() 方法的傳回結果中，這時 OpenID 就會出現在 URL 的參數列表上，這就要求OpenID 是 URL 安全的，或是對 OpenID 進行了適當的 URL 編碼。

雖然介紹了很多的 OpenID 實現方案，但是一個開放平臺可以不實現 OpenID。也就是說，如果一個開放平臺只需得到使用者的 access_token，並且該 access_token 不會發生變化也不會過期，就完全不需要 OpenID 了。不過這種情況基本上很少出現，因為這種方式的 access_token 的安全性難以得到保障，也很少有不需要獲取使用者唯一標識的場景。

4.8 UnionID

4.8.1 UnionID 簡介

同一個使用者在不同的第三方應用中都存在資訊，OpenID 用於隔離這些資訊。也就是說，在不同的第三方應用中，相同的 UserID 對應的 OpenID 可以不同。

舉例來說，現有 3 個第三方應用，分別為 A、B 和 C。對 UserID 為 1 的使用者來說，在 A 中的 OpenID 為 X，在 B 中的 OpenID 為 X，在 C 中的 OpenID 為 Y。使用者在 A 和 B 中具有相同的 OpenID，在 C 中的 OpenID 不同，這樣就可以隔離 C 的使用者資訊。

某些第三方應用要求同一個 UserID 在這些第三方應用中所對應的 OpenID 完全相同。舉例來說，某大型連鎖超市申請了多個第三方應用對接開放平臺，該超市為了統一管理使用者資訊，並跨店鋪共用使用者資訊，需要在所有的第三方應用中都能獲取相同的 OpenID。針對這種需求，開放平臺需要提供相應的功能支援，並將這種在某些指定的第三方應用下保持一致的 OpenID 命名為 UnionID。

圖 4-8 所示為 UnionID 示意圖，進一步展示了 UnionID 的意義。所有的第三方應用都可以擁有自己獨立的 OpenID 系統，如果第三方應用歸屬在某個範圍內，則這些第三方應用有相同的 UnionID。

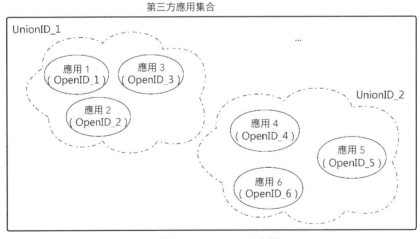

▲ 圖 4-8 UnionID 示意圖

UnionID 中最重要的就是如何劃分範圍，同一個範圍內的第三方應用能透過相同的 UnionID 進行業務串聯，如果隨意劃分 UnionID 的範圍，則可能導致使用者資訊洩露。

4.8.2 UnionID 劃分方案

下面介紹兩種 UnionID 的劃分方案，這兩種方案沒有優劣之分，只需根據自身業務場景選擇適合的方案即可。

4.8.2.1 基於使用者劃分

在開發第三方應用時，開發者需要在開放平臺上註冊帳戶，並在透過該帳戶申請建立第三方應用後，與開放平臺對接。通常一個帳戶所申請的第三方應用的個數是不受限制的。如果基於開發者帳號劃分 UnionID 範圍，則帳號下的所有第三方應用都可獲取相同的 UnionID。

圖 4-9 所示為基於使用者劃分的 UnionID 方案。開發者 A 的所有第三方應用都屬於同一個 UnionID 組，針對同一個系統使用者可獲取相同的 UnionID。不同的開發者之間是完全隔離的，對於同一個使用者，開發者 B 的第三方應用無法獲取與開發者 A 的第三方應用相同的 UnionID。

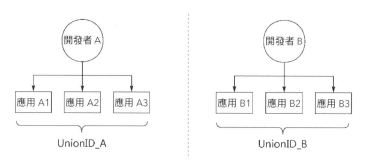

▲ 圖 4-9 基於使用者劃分的 UnionID 方案

基於使用者劃分的 UnionID 實現起來較為簡單，沒有多餘的申請、審核及管理功能所帶來的系統複雜性。在使用者帳號屬於公司系統，或員工離職後不帶走帳號的場景下，都可以使用該劃分方案。

4.8.2.2 基於虛擬主體劃分

首先需建立一個虛擬主體，並在此基礎上建立 UnionID 組管理機制進行劃分。同一個虛擬主體下的所有第三方應用，可以獲取相同的 UnionID。

步驟 1　建立虛擬主體。第三方平臺為開發者提供建立虛擬主體的功能，使開發者可以透過該功能申請建立虛擬主體。開放平臺一般要求開發者提供建立原因和相關資質，並在開放平臺的營運人員審核透過後，成功建立虛擬主體。如果審核不通過，則會告知開發者具體原因。

步驟 2　開發者邀請第三方應用加入虛擬主體。開發者在建立完成虛擬主體後，可以透過輸入 ClientID 的方式，邀請第三方應用加入虛擬主體。邀請時需要填寫具體原因。開放平臺的營運人員審核透過後，ClientID 對應的第三方應用即可加入虛擬主體。如果審核不通過，則會告知開發者具體原因。一個第三方應用只能加入一個虛擬主體。如果第三方應用已加入其他虛擬主體，則無法加入新的虛擬主體。如果想加入新的虛擬主體，則需要退出已加入的虛擬主體，在清空帳號系統後加入新的虛擬主體。

步驟 3　獲取 UnionID。同一個虛擬主體下的第三方應用在對使用者授權時，可獲取相同的 UnionID，且虛擬主體下的所有第三方應用使用 UnionID 來共用使用者資訊。

　　建立虛擬主體並使用 UnionID 的步驟可以概括為建立、加入和使用。除了主要功能，建立虛擬主體的開發者還可以移除已加入虛擬主體的第三方應用。同時，第三方應用也具有自行退出虛擬主體的權利。

　　圖 4-10 所示為基於虛擬主體劃分的 UnionID 方案。開發者 A 建立了一個虛擬主體 1 並已透過審核。開發者 A 申請將第三方應用 A2 和 A3 加入虛擬主體 1，審核透過後，第三方應用 A2 和 A3 即可使用 UnionID。由於第三方應用 A1 並沒有加入虛擬主體 1，因此無法使用 UnionID 功能。

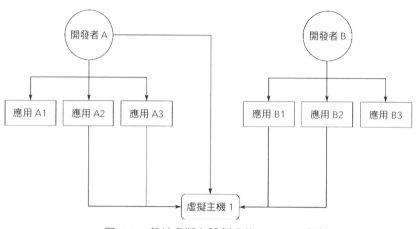

▲ 圖 4-10 基於虛擬主體劃分的 UnionID 方案

　　隨後開發者 B 要開發第三方應用 B1、B2 和 B3，並需要使用開發者 A 的第三方應用 UnionID。開發者 B 需要將第三方應用的 ClientID 交給開發者 A，開發者 A 在虛擬主體 1 中增加第三方應用 B1 和 B2。此時，第三方應用 A2、A3、B1 和 B2 可以使用相同的 UnionID。

　　這種方案具有很大的靈活性，不同的開發者之間可以在開放平臺允許的前提下，使用相同的使用者系統，實現資料共用。但是，由於該方案使開放平臺多了附加功能，如虛擬主體需處理應用申請、應用移除、應用審核和虛擬主體轉移等，因此開放平臺也需要對相關操作進行審核，從而提高了開放平臺的實現、營運、維護成本。

提示
開發者的帳號可能屬於個人，若開發者離職，則帳號無法繼續使用。這時，可以提交虛擬主體和第三方應用的轉移流程，將虛擬主體和第三方應用轉移到其他帳號下，從而有效避免人員變動對業務造成的影響。另外，開放平臺提供了虛擬主體所有權的申訴功能，開發者不能強行刪除虛擬主體和第三方應用。

4.8.3　基於自動增加 ID 的 UnionID 方案

　　由於 UnionID 本質上是一種在一定範圍內的第三方應用中保持一致的 OpenID 變形，所以 UnionID 的生成策略與 OpenID 的類似。下面基於前文中提到的 OpenID 生成方案，介紹對應的 UnionID 生成方案。

　　UnionID 是範圍性的，所以生成 UnionID 的方案與 OpenID 的類似。在基於自動增加 ID 的 OpenID 方案中，最重要的資料結構為 OpenID、UserID 和 ClientID 的對應關係資料表，如範例 4.19 所示，透過該關係資料表可以轉換 OpenID 和 UserID。

主鍵 ID	OpenID	UserID	ClientID
…	1	1	2d3265e7-3dec-4f53-98f8-7f1fd9af5659
…	1	1	26c71858-babe-47dd-899a-6a8008993380
…	2	2	2d3265e7-3dec-4f53-98f8-7f1fd9af5659
…	…	…	…
…	3	8	2d3265e7-3dec-4f53-98f8-7f1fd9af5659

t 範例 4.19　自動增加 ID 的 OpenID 資料結構

　　下面在基於自動增加 ID 的 OpenID 方案的基礎上，介紹基於自動增加 ID 的 UnionID 方案。因為 UnionID 的範圍劃分方式有基於開發者帳號和基於虛擬主體兩種，所以我們將基於自動增加 ID 的 UnionID 方案分為兩個子方案來介紹。

1．子方案一：基於開發者帳號定義 UnionID 範圍

　　在每個開發者帳號下定義一個自動增加 ID 生成器，同時維護 DevID（開發者帳號）、UserID 與 UnionID 之間的對應關係。

　　由於 UnionID 和 OpenID 會同時出現在系統中，因此自動增加 ID 生成器生成的 UnionID 需要加上首碼「u*」，用於區分 UnionID 和 OpenID。之所以使用「u*」，是因為「*」是 URL 安全的，並且不會出現在 URL 安全的 Base64 編碼中，能有效分隔字元；「u」是有意義的 UnionID 標識。

　　在範例 4.19 的資料結構的基礎上，修改為自動增加 ID 的 UnionID 資料結構，如範例 4.20 所示。

主鍵 ID	UnionID	UserID	DevID
...	u*1	1	1
...	u*1	1	2
...	u*2	2	1
...	...	...	...
...	u*3	8	1

t 範例 4.20　自動增加 ID 的 UnionID 資料結構

當收到將 UnionID 轉為 UserID 的請求時，首先根據首碼「u*」辨識 Union-ID，然後透過範例 4.20 中的關係根據 ClientID 查詢對應的 DevID（開發者建立了應用，所以該關係一定存在）。透過 UnionID 和 DevID 可以確定唯一的 UserID，從而獲取系統使用者資訊。

當需要從 UserID 轉為 UnionID 時，首先獲取 ClientID，然後透過 ClientID 獲取對應的 DevID，最後根據 DevID 和 UserID 獲取對應的 UnionID 即可。

2 · 子方案二：基於虛擬主體定義 UnionID 範圍

在每個虛擬主體中定義一個自動增加 ID 生成器，同時維護虛擬主體 ID、UserID 與 UnionID 之間的對應關係，如範例 4.21 所示。同樣地，為了在相容的同時適用系統中 UnionID 和 OpenID 的情況，UnionID 增加了首碼「u*」。

主鍵 ID	UnionID	UserID	虛擬主體 ID
...	u*1	1	1
...	u*1	1	2
...	u*2	2	1
...	...	...	...
...	u*3	8	1

t 範例 4.21　UnionID 資料結構

為了能透過第三方應用確定自己所屬的虛擬主體，需要透過虛擬主體的管理功能維護第三方應用與虛擬主體之間的關係，如範例 4.22 所示。

主鍵 ID	ClientID	虛擬主體 ID
…	1	1
…	2	1
…	3	2
…	…	…
…	8	2

t 範例 4.22 第三方應用資料結構

當授權系統收到將 UnionID 轉為 UserID 的請求時，首先根據首碼「u*」辨識 UnionID，然後根據範例 4.22 中的資料結構，透過 ClientID 查詢對應的虛擬主體 ID。透過 UnionID 和虛擬主體 ID 在範例 4.21 中的資料結構來確定唯一的 UserID。

當需要從 UserID 轉為 UnionID 時，同樣先透過範例 4.22 中的資料結構，根據 ClientID 查詢對應的虛擬主體 ID；再使用虛擬主體 ID 和 UserID，透過範例 4.21 中的資料結構來確定唯一的 UnionID。

4.8.4 基於 Hash 演算法的 UnionID 方案

在基於 Hash 演算法的 OpenID 方案中，一方面，利用 Hash 演算法的特性，將 ClientID 和 UserID 作為輸入，經過 Hash 演算法的加工，透過 URL 安全的 Base64 演算法編碼，得到 OpenID。另一方面，使用 Hbase 將 OpenID 作為 RowKey 儲存使用者資訊，從而實現從 OpenID 到 UserID 的轉換。

下面在基於 Hash 演算法的 OpenID 方案的基礎上，介紹基於 Hash 演算法的 UnionID 方案。因為 UnionID 的範圍劃分方式有基於開發者帳號和基於虛擬主體兩種，所以我們將基於 Hash 演算法的 UnionID 方案分為兩個子方案來介紹。

1 · 子方案一：基於開發者帳號定義 UnionID 範圍

在基於開發者帳號定義 UnionID 範圍時，需要使用如範例 4.23 所示的 UnionID 生成函數。

有了如範例 4.23 所示的演算法後，在生成 UnionID 時，首先根據 ClientID 找到對應的 DevID；然後透過範例 4.23 中的函數計算出對應的位元組陣列，並透過 URL 安全的 Base64 編碼進行處理；最後加上首碼「u*」得到 UnionID。

得到 UnionID 後，如果不存在從 UnionID 到 UserID 的對應關係，則會在 Hbase 中儲存對應的關係，以滿足從 UnionID 到 UserID 的轉換。基於開發者帳號生成 UnionID 的資料結構如範例 4.24 所示。

```java
public class UnionIdDemo {
    public static byte[] getUnionId(String devId, String userId) {
        // 這是一個混淆值，在實際中應該是一個固定的隨機值
        String salt = "salt";
        String plainText = devId + "$$" + salt + "$$" + userId;
        byte[] data = DigestUtils.sha256(plainText);
        return data;
    }
}
```

t 範例 4.23 基於開發者帳號生成 UnionID 程式範例

行鍵	info_1（欄族）		...	info_2（欄族）		...	時間戳記
	dev_id	user_id		dev_id	user_id		
union_id_1	dev_id_1	user_id_1	...	...	...	...	T
union_id_2	dev_id_1	user_id_2	...	...	...	...	T
union_id_3	dev_id_2	user_id_1	...	...	...	...	T

t 範例 4.24 基於開發者帳號生成 UnionID 的資料結構

有了範例 4.24 的資料結構並在獲取 UnionID 後，只需透過「u*」開頭驗證後，即可透過範例 4.24 的資料結構，獲取對應的 UserID。

2 · 子方案二：基於虛擬主體定義 UnionID 範圍

在基於虛擬主體定義 UnionID 範圍時，需要將範例 4.23 中函數的入參改為虛擬主體 ID，修改後的演算法如範例 4.25 所示。

```java
public class UnionIdDemo {
    public static byte[] getUnionId(String mainId, String userId) {
        // 這是一個混淆值，在實際中應該是一個固定的隨機值
```

```
String salt = "salt";
String plainText = mainId + "$$" + salt + "$$" + userId;
byte[] data = DigestUtils.sha256(plainText);
return data;
    }
}
```

t 範例 4.25 虛擬主體生成 UnionID 程式範例

有了如範例 4.25 所示的演算法後，在生成 UnionID 時，首先，根據 ClientID 找到對應的虛擬主體 ID；然後使用如範例 4.25 所示的演算法，根據虛擬主體 ID（mainID）和 UserID 計算出 UnionID 的位元組陣列值，並使用 URL 安全的 Base64 編碼進行處理；最後在前面增加「u*」後生成最終的 UnionID。

如果得到 UnionID 和 UserID 的對應關係不存在，則會在 Hbase 中儲存對應關係，以滿足從 UnionID 到 UserID 的轉換。

在使用 UnionID 獲取 UserID 時，也是透過範例 4.24 的資料結構進行轉換的。

4.8.5 基於對稱加密演算法的 UnionID 方案

在基於對稱加密演算法的 OpenID 方案中，會為每一個第三方應用生成一個金鑰，如範例 4.26 所示。

主鍵 ID	ClientID	⋯	AESKey
⋯	2d3265e7-3dec-4f53-98f8-7f1fd9af5659	⋯	金鑰 1
⋯	26c71858-babe-47dd-899a-6a8008993380	⋯	金鑰 2
⋯	⋯	⋯	⋯

t 範例 4.26 對稱加密演算法 OpenID 的資料結構

一方面，在生成 OpenID 時，先透過該金鑰將 UserID 加密，再進行 URL 安全的 Base64 編碼，從而得到 OpenID；另一方面，在獲取 UserID 時，將 OpenID 透過 URL 安全的 Base64 解碼後，用該金鑰解密，從而得到 UserID。

下面在對稱加密演算法的 OpenID 方案的基礎上，介紹基於對稱加密演算法的 UnionID 方案。下面分別針對基於開發者帳號和虛擬主體定義 UnionID 範圍的情況進行討論。

1 · 子方案一：基於開發者帳號定義 UnionID 範圍

在這種場景下，每個開發者在註冊時，都會為該開發者的帳號生成一個金鑰，如範例 4.27 所示。

主鍵 ID	DevID	...	AESKey
...	1	...	金鑰 1
...	2	...	金鑰 2
...	...	...	...

t 範例 4.27 基於開發者帳號對稱加密演算法 UnionID 的資料結構

當需要將 UserID 轉為 UnionID 時，首先透過 ClientID 獲取所屬的開發者帳號；然後透過該帳號對應金鑰對 UserID 進行加密，並進行 URL 安全的 Base64 編碼；最後在前面增加「u*」，從而得到 UnionID 值。

在獲取 UnionID 並將 UnionID 前面的「u*」去掉後，首先對 URL 安全的 Base64 編碼進行解碼，並將其作為待解密 UnionID；然後透過 ClientID 獲取所屬開發者帳號；最後透過該帳號對應金鑰對要解密的 UnionID 進行解密得到 UserID。

2 · 子方案二：基於虛擬主體定義 UnionID 範圍

在這種場景下建立虛擬主體時，會為該虛擬主體生成一個金鑰，如範例 4.28 所示。

主鍵 ID	mainID	...	AESKey
...	1	...	金鑰 1
...	2	...	金鑰 2
...	...	...	...

t 範例 4.28 基於虛擬主體對稱加密演算法 UnionID 的資料結構

當需要將 UserID 轉為 UnionID 時，首先透過 ClientID 獲取所屬的虛擬主體；然後透過虛擬主體對應的金鑰對 UserID 進行加密，並進行 URL 安全的 Base64 編碼；最後在前面增加「u*」，從而得到 UnionID 值。

在獲取 UnionID 後，首先將 UnionID 前面的「u*」去掉，並將透過 URL 安全的 Base64 解碼作為待解密 UnionID；然後透過 ClientID 獲取所屬虛擬主體；最後透過該虛擬主體對應金鑰對要解密的 UnionID 進行解密，從而得到 UserID。

4.8.6 基於嚴格單調函數的 UnionID 方案

在基於嚴格單調函數的 OpenID 方案中，會為每一個第三方應用生成一個嚴格單調函數，如範例 4.29 所示。

ID	ClientID	...	一元一次函數
1	...	...	$y=x+1$
2	...	...	$y=-x+2$
3	...	...	$y=x+3$

t 範例 4.29 嚴格單調函數 OpenID 的資料結構

將數值型的 UserID 代入到第三方應用所對應的單調函數中，計算出函數值，並進行適當的編碼，從而得到 OpenID。

在獲取 OpenID 時，直接透過對 OpenID 進行解碼，並將解碼後的值代入到第三方應用的嚴格單調函數的反函數中，從而得到 UserID。

下面在基於嚴格單調函數的 OpenID 方案的基礎上，介紹基於嚴格單調函數的 UnionID 方案，並分別針對基於開發者帳號和虛擬主體定義 UnionID 範圍的情況進行討論。

1・子方案一：基於開發者帳號定義 UnionID 範圍

在這種場景下，會為每個開發者帳號生成自己對應的嚴格單調函數，如範例 4.30 所示。

ID	DevID	...	一元一次函數
1	...	...	$y=x+1$
2	...	...	$y=-x+2$
3	...	...	$y=x+3$

t 範例 4.30 基於開發者帳號嚴格單調函數 UnionID 的資料結構

當需要將 UserID 轉為 UnionID 時，首先透過 ClientID 獲取所屬的開發者帳號；然後透過開發者帳號所對應的嚴格單調函數，對數值型 UserID 進行計算，並進行適當的編碼；最後增加首碼「u*」，從而得到 UnionID。

在獲取 UnionID 後，首先將 UnionID 前面的「u*」去掉，並進行適當解碼，從而獲取數值型 UnionID；然後透過 ClientID 獲取所屬開發者帳號；最後透過該開發者帳號對應的嚴格單調函數的反函數對數值型 UnionID 進行計算，從而得到 UserID。

2．子方案二：基於虛擬主體定義 UnionID 範圍

在這種場景下建立虛擬主體時，會為該虛擬主體生成一個嚴格單調函數，如範例 4.31 所示。

ID	mainID	…	一元一次函數
1	…	…	$y=x+1$
2	…	…	$y=-x+2$
3	…	…	$y=x+3$

t 範例 4.31 基於虛擬主體嚴格單調函數 UnionID 的資料結構

當需要將數值型 UserID 轉為 UnionID 時，首先透過 ClientID 獲取所屬的虛擬主體；然後透過虛擬主體對應的嚴格單調函數，以 UserID 為輸入，從而得到計算結果；最後經過適當的編碼，並增加首碼「u*」，從而得到 UnionID 值。

在獲取 UnionID 後，首先將 UnionID 前面的「u*」去掉，並進行適當解碼，從而得到數值型 UnionID；然後透過 ClientID 獲取所屬虛擬主體；最後透過該虛擬主體對應的嚴格單調函數的反函數，以 UnionID 為輸入，從而得到 UserID。

4.8.7 基於向量加法的 UnionID 方案

在基於向量加法的 OpenID 方案中，將不附帶「-」的 UUID 當作 32 維空間中的三十一進位數表示的向量，同時定義了三十一進位運算滿足向量的加法和減法運算。為每一個第三方應用生成一個不附帶「-」的 UUID 作為該第三方應用的唯一向量，為每個系統使用者生成一個不附帶「-」的 UUID 作為系統使用者的唯

一向量，分別如範例 4.32 和範例 4.33 所示。

ID	ClientID（UUID）	...
1	...	...
2	...	...
3	...	...

t 範例 4.32　向量加法 OpenID 第三方應用底層資料

ID	...	UUID
1	...	...
2	...	...
3	...	...

t 範例 4.33　向量加法 OpenID 使用者底層資料

　　將兩個向量相加得到的向量字元化後作為 OpenID。將 OpenID 向量化結果與第三方應用向量相減，得到系統使用者向量，從而獲取使用者資訊。

　　下面在基於向量加法的 OpenID 方案的基礎上，介紹基於向量加法的 UnionID 方案，並分別針對基於開發者帳號和虛擬主體定義 UnionID 範圍的情況進行討論。

1・子方案一：基於開發者帳號定義 UnionID 範圍

　　在這種場景下，會為每個開發者帳號生成自己對應的向量，如範例 4.34 所示。

ID	DevID（UUID）	...
1	...	...
2	...	...
3	...	...

t 範例 4.34 開發者帳號資料結構

　　當需要將 UserID 轉為 UnionID 時，首先透過 ClientID 獲取所屬的開發者帳號；然後將開發者帳號所對應的向量與系統使用者所對應的向量相加，並字元化；最後增加首碼「u*」，從而得到 UnionID。

在獲取 UnionID 後，首先將 UnionID 前面的「u*」去掉，並進行向量化，從而得到向量形式 UnionID；然後透過 ClientID 獲取所屬開發者帳號對應的向量；最後使用向量形式 UnionID 減去該向量，得到系統使用者向量，從而獲取使用者資訊。

2 · 子方案二：基於虛擬主體定義 UnionID 範圍

在這種場景下，會為每個虛擬主體生成自己對應的向量，如範例 4.35 所示。

ID	mainID（UUID）	...
1	...	...
2	...	...
3	...	...

t 範例 4.35 虛擬主體資料結構

當需要將 UserID 轉為 UnionID 時，首先透過 ClientID 獲取所屬的虛擬主體；然後將虛擬主體所對應的向量與系統使用者所對應的向量相加，並字元化；最後增加首碼「u*」，從而得到 UnionID。

在獲取 UnionID 後，首先將 UnionID 前面的「u*」去掉，並進行向量化，從而得到向量形式 UnionID；然後透過 ClientID 獲取該虛擬主體對應的向量；最後使用向量形式 UnionID 減去該向量，得到系統使用者向量，從而獲取使用者資訊。

4.8.8 UnionID 總結

以上幾種方法均為基於 OpenID 方案生成的 UnionID 方案。基於開發者帳號和基於虛擬主體定義 UnionID 範圍的兩種方案在實現時相差無幾。

在基於開發者帳號定義 UnionID 範圍的方案中，可以完全不使用 OpenID。也就是說，開放平臺允許一個帳號下的所有第三方應用之間共用系統使用者資訊。在這種情況下，不需要在 UnionID 前增加首碼「u*」進行區分。

在基於虛擬主體定義 UnionID 範圍的方案中，由於第三方應用預設不會屬於任何虛擬主體，必然會同時存在 OpenID 和 UnionID。其中，OpenID 用來滿足沒有加入任何虛擬主體的第三方應用實現自身業務，而 UnionID 則用來滿足在同一個虛擬主體下的所有第三方應用共用系統使用者資訊。

在同時使用 OpenID 和 UnionID 的系統中，如果系統在開始設計時就規劃了相關功能，則建議在 OpenID 前增加首碼「o*」，在 UnionID 前增加首碼「u*」，並結合 URL 安全的 Base64 編碼進行實現。

在同時使用 OpenID 和 UnionID 的系統中，如果第三方應用開啟了 UnionID，則在授權成功後需要在傳回資訊中增加 UnionID，如範例 4.36 所示。

```json
{
    "access_token":"ACCESS_TOKEN",
    "expires_in":86400,
    "refresh_token":"REFESH_TOKEN",
    "refresh_expires_in":864000,
    "open_id":"OPENID",
    "union_id":"UNIONID",
    "scope":"SCOPE",
    "token_type":"bearer"
}
```

t 範例 4.36　UnionID 授權範例

除此之外，還有另一種方式傳回 UnionID。也就是說，在範例 4.36 的傳回結果中，依然只傳回 OpenID，如範例 4.37 所示。

```json
{
    "access_token":"ACCESS_TOKEN",
    "expires_in":86400,
    "refresh_token":"REFESH_TOKEN",
    "refresh_expires_in":864000,
    "open_id":"OPENID",
    "scope":"SCOPE",
    "token_type":"bearer"
}
```

t 範例 4.37　OpenID 授權範例

　　開放平臺透過 API 閘道暴露一個使用 OpenID 換取 UnionID 的介面，供所有第三方應用透過 OpenID 換取 UnionID。這種方案可以在已經有完整的 OpenID 機制的系統中引入 UnionID 的場景，而不會對原有的授權流程有任何干擾。

　　具體的換取流程如下。

步驟 1　第三方應用向開放平臺指定的介面發起請求參數為 ClientID 和 OpenID 的請求，從而獲取對應的 UnionID。

步驟 2　開放平臺收到請求後，可以使用 OpenID 和 ClientID 獲取對應的系統使用者資訊。

步驟 3　使用 ClientID 和系統使用者資訊生成 UnionID，並傳回給第三方應用。

第 5 章
授權碼授權模式回呼位址實戰

授權碼授權模式是常用的授權模式之一。在這種授權模式下，第三方應用會引導使用者進行授權。在使用者授權後，授權系統會將 code 碼透過回呼的方式，將其回呼到第三方應用指定的回呼位址上。第三方應用在獲取回呼請求後，可以從回呼請求中獲取 code 碼，並在背景使用 code 碼換取 access_token，從而完成整個授權流程。

回呼位址有以下 3 種情況。

- 在通常情況下，授權系統會在第三方應用指定的回呼位址中補充 code 和 state 值，並直接請求第三方應用。

- 在一些場景下，第三方應用指定的回呼位址比較特殊，授權系統需要在指定位置補充 code 和 state 值，這時就需要使用字元替換回呼位址。

- 在某些場景下，開放平臺支援第三方應用在指定的上下文中對回呼位址進行自訂編輯，以便滿足第三方應用的業務需求，這時就需要用到 FaaS 回呼位址。此時，第三方應用上傳自訂的函數指令稿，並基於系統和第三方應用自訂的資料資訊，對回呼位址進行編輯。

在分別介紹 3 種回呼策略實現細節前，先針對所有的回呼位址策略進行一個統一說明。

第三方應用可以設定多少回呼位址？一般開放平臺不會限制回呼位址設定數量，因此第三方應用程式開發者可以按照自身實際需求進行適當設定。在基於授權碼授權時，第三方應用會在獲取 code 的請求中，透過傳遞 redirect_url 屬性來明確告知授權系統使用哪個回呼位址進行回呼操作。授權系統在收到請求後，驗證 redirect_url 參數是否在第三方應用設定的回呼位址列表內，如果驗證成功，則使用該回呼位址進行回呼。

在一些變種的授權模式下，第三方應用無法主動指定回呼位址。舉例來說，外掛程式化授權場景，在這種場景下，不是預設回呼第三方應用設定的第一個回呼位址，就是是第三方應用程式開發者在將第三方應用發佈到服務市場時指定的回呼位址，其最終目的也是告知授權系統使用哪個回呼位址進行回呼。

5.1 普通回呼位址

一般這種回呼位址不允許第三方應用在回呼位址後增加任何參數，並且在進行回呼時，授權系統只是簡單地將 code 和 state 值以參數的形式，拼接在第三方應用指定的回呼位址後面，對第三方應用發起回呼請求。

在普通回呼位址方案中，設定如範例 5.1 所示的回呼位址是非法的，而設定如範例 5.2 所示的回呼位址是合法的。

```
https://example.com/callback?param=illegal
```

t 範例 5.1 非法的回呼位址

```
https://example.com/callback
```

t 範例 5.2 合法的回呼位址

URL 上不附帶任何參數，使得授權系統可以透過簡單的安全性原則就能保障系統整體的安全性。授權系統在收到請求後，只需驗證請求是否來自合法的 URL，不需要擔心由誤操作，或惡意攻擊而攜帶的非法參數所帶來的安全問題。同時，也不需要在回呼位址後增加參數，因為在獲取 code 的請求中，第三方應用會在請求時傳遞 state 值，該值已經足以解決第三方應用的一些固定參數的回呼問題。因為在如範例 5.3 所示的普通回呼位址中，授權系統會原封不動地將 state 值回呼給第三方應用。

```
https://example.com/callback?state=##&code=##
```

t 範例 5.3 普通回呼位址

5.2 字元替換回呼位址

5.2.1 場景引入

普通回呼位址能滿足大多數回呼場景，但是在一些特殊場景中，普通回呼位址就顯得力不從心了。下面以移動 App 中的第三方應用授權場景為例說明。

該場景下的授權流程如圖 5-1 所示。

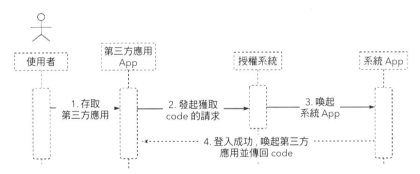

▲ 圖 5-1 字元替換回呼位址的授權流程

在圖 5-1 中，使用者在第三方應用 App 中，需要透過授權系統所屬公司的 App 進行授權登入，各步驟的詳細說明如下。

步驟 1 在使用者打開第三方應用 App 後，第三方應用會引導使用者進行授權。如圖 5-2 所示，其中圈中的部分會引導使用者到微信開放平臺進行授權登入。

步驟 2 使用者在第三方應用中，選擇圖 5-2 中某個第三方登入，向對應的授權系統發起授權請求，如範例 5.4 所示。在這種場景下，一般只需得到授權系統認證後的唯一使用者標識即可，不需要呼叫一些開放平臺的介面。所以，這裡的 scope 為 base_scope，即只獲取使用者的 open_id 資訊。

```
https://example.OAuth.com/OAuth
2/authorize?client_id=##&response_
type=code&redirect_url=##&state=##&scope=base_
scope
```

▲ 圖 5-2 使用者授權引導頁面　　　　ℓ 範例 5.4 獲取 code 碼請求範例

步驟 3　授權系統在收到範例 5.4 的請求後，透過請求終端的類型，辨識到該請求是透過行動裝置發起的，所以會喚起自身的 App 應用（如果使用者行動裝置上沒有對應的 App，則會跳躍到下載頁面），使用者需要在對應的 App 中登入（如果沒有登入），並在同意授權登入後，完成許可權確認流程。邏輯授權頁面如圖 5-3 所示。真實授權頁面如圖 5-4 所示。

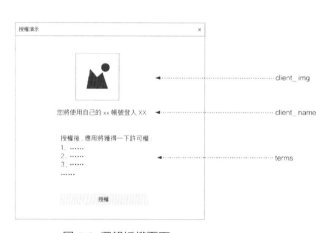

▲ 圖 5-3 邏輯授權頁面　　　　　　　　▲ 圖 5-4 真實授權頁面

步驟 4 系統使用者在授權系統所屬 App 確認登入後，App 會將使用者資訊回呼到授權系統中。授權系統將獲取的使用者資訊與之前第三方應用請求授權資訊進行融合，形成有效授權資訊，並生成 code 碼。以上操作均發生在授權系統所在系統 App 的內嵌 H5 頁面中，所組合的資訊和基於授權碼模式進行授權時的一致。

步驟 5 授權系統將第三方應用指定的回呼位址資訊補全後，再重定向到該回呼位址，從而喚起第三方應用所屬 App（重定向操作發生在授權系統所屬 App 中）。比較特殊的是，該回呼位址並不是普通的 HTTP 或 HTTPS 回呼位址，而是在行動端系統中的一種喚起 App 的協定。

在行動端系統中這種協定多種多樣，這裡以 openapp 協定為例，對回呼位址說明。

基於 openapp 協定的回呼位址如範例 5.5 所示。

```
xxx://virtual?params={"category":"jump","des":"unionlogin","url":"
https://passport.yhd.com/jingdong/callback.do?code=xxx&state=xxx"}
```

t 範例 5.5 基於 openapp 協定的回呼位址範例 1

在範例 5.5 中，xxx://virtual 是遵循 openapp 協定的 URL，在「？」後面的內容是對應參數。params 是一個 JSON 格式資料，其中 url 欄位是喚起第三方應用 App 後，要在內嵌瀏覽器中展示頁面的位址；code 和 state 值是需要授權系統在授權流程中填充的欄位。

由於 openapp 協定的參數相當靈活，因此這種場景下的回呼位址千變萬化。範例 5.6 所示為另一個基於 openapp 協定的回呼位址。

```
xxx://start.weixin?{"cmd":303,"jsonStr":{"url":"https://activity.kugou.
com/newyear2022/v-9332ec17/index.html?from=some&code=xxx&state=xxx"}}
```

t 範例 5.6 基於 openapp 協定的回呼位址範例 2

範例 5.6 也是合法的回呼位址，同樣需要授權系統填充 code 和 state 值。但是，範例 5.6 和範例 5.5 的結構卻大相徑庭。也就是說，即使都使用 openapp 協定，參數格式也可能完全不同，從而導致授權系統無法確定如何填充 code 和 state 值。

5.2.2 解決方案

為了應對這種情況，需要使用基於字元替換回呼位址方案。下面將對這種方案進行詳細介紹。

為了能辨識到要填充 code 和 state 值的位置，需要定義特殊標記進行辨識。

同時，為了防止參數在透過 HTTP 請求進行傳遞時產生亂碼，需要對參數部分進行 URL 編碼，因此也需要透過某種特殊標識，以便辨識到需要進行 URL 編碼的參數部分。

為了解決上面的兩個問題，直接在第三方應用設置回呼位址時，將回呼位址中的 code=xxx&state=xxx 替換為 !OPEN_CODE!，並將需要進行 URL 編碼的參數部分用 !OPEN_ENCODE! 進行包裹。

使用該方法對範例 5.5 進行處理後，會得到如範例 5.7 所示的結果；對範例 5.6 進行處理後，會得到如範例 5.8 所示的結果。

```
xxx://virtual?params=!OPEN_ENCODE!{"category":"jump","des":
"unionlogin","url":"https://passport.yhd.com/jingdong/callback.do?!
OPEN_CODE!"}!OPEN_ENCODE!
```

t 範例 5.7 回呼位址編碼範例 1

```
xxx?!OPEN_ENCODE!{"cmd":303,"jsonStr":{"url":"https://activity.
kugou.com/newyear2022/v-9332ec17/index.html?from=some&!OPEN_
CODE!"}}!OPEN_ENCODE!
```

t 範例 5.8 回呼位址編碼範例 2

當第三方應用使用範例 5.7 或範例 5.8 的回呼位址向授權系統發起授權請求後（第三方應用在傳遞時進行了 URL 編碼，授權系統在收到請求後進行了 URL 解碼，從而得到範例 5.7 和範例 5.8 的結果），只需進行必要的授權流程驗證，即可生成 code。

在生成 code 後，首先查詢回呼位址中是否有被 !OPEN_ENCODE! 所包裹的內容。

如果沒有找到被 !OPEN_ENCODE! 所包裹的內容，則尋找 !OPEN_CODE!

是否在回呼位址中出現。如果 !OPEN_CODE! 出現，則以參數的方式將 !OPEN_CODE! 替換為 code=xxx&state=xxx；如果 !OPEN_CODE! 未出現，則直接將 code=xxx&state=xxx 以參數的形式補充到回呼位址中。

　　如果找到被 !OPEN_ENCODE! 所包裹的內容，則首先將回呼位址中被 !OPEN_ENCODE! 所包裹的內容提取出來。以範例 5.7 為例，會得到如範例 5.9 所示的結果。

```
{"category":"jump","des":"unionlogin","url":"https://passport.
yhd.com/jingdong/callback.do?!OPEN_CODE!" }
```

t 範例 5.9 回呼位址待處理部分

　　在得到範例 5.9 的結果後，首先尋找 !OPEN_CODE! 的位置，如果找到，則將 !OPEN_CODE! 替換為 code=xxx&state=xxx；如果沒有找到對應的 !OPEN_CODE!，則在範例 5.9 後以參數形式增加 code=xxx&state=xxx。以範例 5.9 為例，進行相關操作，會得到如範例 5.10 所示的結果。

```
{"category":"jump","des":"unionlogin","url":"https://passport.yhd.com/
jingdong/callback.do? code=xxx&state=xxx" }
```

t 範例 5.10 回呼位址處理完成範例

　　最後，將範例 5.10 進行 URL 編碼，並替換範例 5.7 中被 !OPEN_ENCODE! 所包裹的部分，從而得到最終的回呼位址。

　　下面用程式展示整個處理流程，如範例 5.11 所示。

```
/**
 * 回呼位址處理類別，用來針對字元替換類型回呼位址中的相關字元進行替換
 */
public class RedirectUrlBuildUtil {
    public static final String OPEN_CODE = "!OPEN_CODE!";
    public static final Pattern ENCODE_PATTERN = Pattern.compile
("!(OPEN_ENCODE)!.*?!\\1!");
    /**
     * 該方法用來對回呼位址中的字元進行替換，生成可以使用的回呼位址
     * @param redirectUrl 要處理的回呼位址
     * @param code 生成的 code 碼
     * @param state 回呼的 state 值
```

```
     * @return 處理後的回呼位址
     */
    public String redirectUrlBuilder(String redirectUrl, String code,
String state) {
        // 匹配 OPEN_ENCODE 標識位元，如果有需要，則進行 URL 編碼
        Matcher matcher = ENCODE_PATTERN.matcher(redirectUrl);
        String url = null;
        if (matcher.find()) {
            /*
             * 如果找到被 !OPEN_ENCODE! 所包裹的內容，則只對包裹中的內容進行處理
             * */
            String groupStr = matcher.group();
            // 對匹配到的內容進行處理
            String tmpUrl = addcodeStr(groupStr.replaceAll
(SystemConstant.JOS_ENCODE, ""), code, state);
            // 將結果替換為被 !OPEN_ENCODE! 所包裹的內容，並進行 URL 編碼
            url = matcher.replaceAll(UrlUtil.encode(tmpUrl));
        } else {
            /*
             * 如果沒有找到，則尋找 OPEN_CODE 的位置，找到並替換；如果找不到，則直接
在末尾進行參數補齊
             * */
            url = addcodeStr(redirectUrl, code, state);
        }
        return url;
    }
    /**
     *
     * @param redirectUrl 回呼位址
     * @param code 生成的 code 碼
     * @param state 回呼的 state 值
     * @return 補充了 code 和 state 值後的回呼位址
     */
    private String addcodeStr(String redirectUrl, String code, String state) {
        if (redirectUrl != null) {
            StringBuilder codeUrlBuilder = new StringBuilder();
            /* 對回呼位址進行解碼 */
            redirectUrl = UrlUtil.decode(redirectUrl);
            /* 生成 code 和 state 字元
             *
             * 如果回呼位址中已經存在「?」，則會生成 &code=xxx&state=xxx
```

```
         * 如果回呼位址中不存在「?」，則會生成 ?code=xxx&state=xxx
         * */
        codeUrlBuilder.append(linkChar(redirectUrl))
                .append("code=").append(code)
                .append("&state=").append(state);
        /* 獲得 code 和 state 字元 */
        String codeStr = codeUrlBuilder.toString();
        /* 如果存在，則直接替換 */
        if (redirectUrl.contains(OPEN_CODE)) {
            return redirectUrl.replace(OPEN_CODE, codeStr);
        } else {
            /* 在末尾進行增加 */
            return redirectUrl + codeStr;
        }
    }
    return null;
}
/**
 * @param redirectUrl 回呼位址
 * @return 如果 {@param redirectUrl} 包含「?」，則傳回「&」，否則傳回「?」
 */
private String linkChar(String redirectUrl) {
    return (StringUtils.isNotBlank(redirectUrl) && redirectUrl.
contains("?")) ? "&" : "?";
}
}
```

t 範例 5.11 字元替換回呼位址程式範例

下面針對不同形式的回呼位址分別進行舉例，說明範例 5.11 中程式的作用，也作為前文整個字元替換方式回呼位址描述的補充。

【例 1】

當第三方應用設定的回呼位址為 xxx://virtual?source=open 時，經過處理後會傳回的回呼位址為 xxx://virtual?source=open&code=xxx&state=xxx。

【例 2】

當第三方應用設定的回呼位址為 xxx://virtual 時，經過處理後會傳回的回呼位址為 xxx://virtual?code=xxx&state=xxx。

【例 3】

當第三方應用設定的回呼位址為 xxx://virtual?!OPEN_CODE!&source=open 時，經過處理後會傳回的回呼位址為 xxx://virtual?code=xxx&state=xxx&source=open。

【例 4】

當第三方應用設定的回呼位址為 xxx://virtual?params=!OPEN_ENCODE!{"category":"jump","des":"unionlogin","url":"https://passport.yhd.com/jingdong/callback.do?!OPEN_CODE!"}!OPEN_ENCODE! 時，經過處理後會傳回的回呼位址為 xxx://virtual?**params=%7B%22category%22%3A%22jump%22%2C%22des%22%3A%22unionlogin%22%2C%22url%22%3A%22https%3A%2F%2Fpassport.yhd.com%2Fjingdong%2Fcallback.do%3Fcode%3Dxxx%26state%3Dxxx%22%7D**。

其中，黑體部分由於被 !OPEN_ENCODE! 所包裹，因此進行了 URL 編碼處理。

作為對比，當第三方應用設定的回呼位址為 xxx://virtual?params={"category":"jump","des":"unionlogin","url":"https://passport.yhd.com/jingdong/callback.do?!OPEN_CODE!"} 時，經過處理後會傳回的回呼位址為 xxx://virtual?**params={"category":"jump","des":"unionlogin","url":"https://passport.yhd.com/jingdong/callback.do?code=xxx&state=xxx"}**。

其中，黑體部分由於並沒有被 !OPEN_ENCODE! 所包裹，因此沒有進行 URL 編碼。

5.2.3　基於字元替換的回呼位址方案總結

透過字元替換回呼位址方案，第三方應用可以在任意位置存放 code 和 state 值，這也就表示第三方應用的回呼位址可以更加個性化。

字元替換回呼位址已經能滿足絕大多數的回呼位址場景，但是在一些特殊的場景中，第三方應用可能希望對回呼位址在回呼時進行更多的自主控制。

舉例來說，希望對回呼位址上的 URL 進行簽名，防止 URL 參數被駭客篡改。

針對以上需求，可以使用 FaaS 回呼位址的方式進行滿足。下面將對 FaaS 回呼位址方案進行討論。

5.3 自訂函數回呼位址

5.3.1 FaaS 簡介

FaaS 目前是自訂函數運用的常見模式，下面將透過 FaaS 的介紹引出自訂函數的概念。

FaaS（功能即服務 / 函數即服務）是一種雲端運算服務。透過 FaaS 提供的功能，開發者可以自訂函數指令稿，並上傳到服務端執行，最終獲取相應結果。在整個呼叫過程中，開發者不需要關心如何建構和啟動類似微服務應用程式相關的複雜基礎設施。

在一般情況下，如果需要在網際網路上發佈一個應用，則需要設定並維護一套虛擬或物理裝置，並在其上建構一套作業系統，用來部署自己的 Web 應用程式。

在使用 FaaS 以後，這些物理硬體、虛擬機器、作業系統，以及運行在其上的 Web 應用程式，都由雲端服務商進行管理，開發者只需關注於自己要實現功能的函數本身即可。

FaaS 是 Serverless 的子集，Serverless 關注所有的服務範圍，包括計算、儲存、資料庫、訊息發送及 API 閘道等，而且這些服務的設定、管理和資費，對開發者都是不可見的。

FaaS 作為子集，是整個 Serverless 的核心結構，主要關注於提供一個函數到雲端容器中，完成請求到傳回值的轉換。

FaaS 具有以下特點。

- FaaS 中的應用邏輯單元都可以看作一個函數，開發人員只關注如何實現這些邏輯，工作全部聚焦在函數上，而非應用整體。

- FaaS 是無狀態的，天生滿足雲端原生應用應該滿足的 12 因數中對狀態的要求。無狀態表示本地記憶體、磁碟裡的資料無法被後續的函數所使用。函數對狀態的維護需要依賴外部儲存，如資料庫、網路儲存等。

- 只需對函數執行時期的資源進行付費。也就是說，在使用 FaaS 時，只有函數執行時期才會消耗資源，當請求被傳回後，所有的資源都被釋放，不會有任何程式繼續執行，也不會有任何服務處於空閒狀態。也就是說，不需要付出任何代價維護相關內容。這種模式比較適合使用者呼叫量比較小的創業型開發者。對於那些呼叫量大的成熟應用，雲端平台一般會提供按時間付費的選項。

- 能自動伸縮。由於所有資源都由雲端平台維護，開發者的函數可以在雲端平台設定的範圍內，按照流量等條件部署到相應數量級的容器中執行，在使用者存取量增長和下降時都能有良好的體驗，並且有效節省資源。

- FaaS 函數啟動延遲時間會受到很多因素的干擾。如果採用 JS 或 Python 這類的指令碼語言，則它的啟動時間一般不會超過 100 毫秒。如果基於 JVM 這類的編譯型語言所建構的 Docker 容器，則啟動時間會較長。

- FaaS 需要借助 API 閘道，將請求路由到對應函數中進行處理，並將相應結果傳回給呼叫方。

- 繼承了所有雲基礎設施所提供的好處。FaaS 中的函數可以隨著雲基礎設施的拓撲部署在多個機房區域，甚至不同的地理區域中，而且部署時不會有任何額外的代價。不過，前提是函數本身要輸出的結果只依賴於輸入，不需要使用任何外部資源。這是因為一旦使用了外部資源，函數部署就需要考慮對這些外部資源存取的能力，是否還能保留，最壞的情況需要這些資源之間進行資料同步。

FaaS 的運行架構如圖 5-5 所示。

在圖 5-5 中，將用戶端所依賴的資源都抽象為服務，如圖中的認證服務、資料庫服務和檔案儲存服務。開發者會上傳自己定義的函數到雲端平台，並對函數進行編排形成呼叫鏈，最後將呼叫鏈綁定到 API 閘道。當 API 閘道收到外部請求後，會根據設定策略建立函數容器執行請求，並傳回結果到用戶端。在結果傳回後，會根據設定策略決定是否銷毀掉函數容器並釋放資源。圖 5-5 中的函數都使用了資料庫資源。

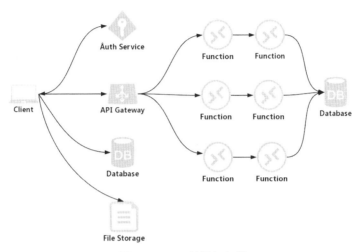

▲ 圖 5-5 FaaS 的運行架構

這樣的拆分除了使各個元件（函數）間充分解耦，每個元件都極佳地實現單一職責原則（Single Responsibility Principle，SRP），還有以下優點。

- 減少開支。透過購買共用的基礎設施，減少了花費在運行維護上的人力成本，最終減少了開支。
- 減輕負擔。不再需要重複「造輪子」，需要什麼功能直接整合呼叫即可，也無須考慮整體的性能，只需專注於業務程式的實現。
- 易於擴充。雲端平台提供了自動的彈性擴充，用了多少運算資源，就購買多少，完全隨選付費。
- 簡化管理。自動化的彈性擴充、打包和部署的複雜度降低、能快速推向市場，這些都使管理變得簡單、高效。
- 環保計算。即使在平臺的環境上，仍習慣於購買多餘的伺服器，最終導致空閒。FaaS 杜絕了這種情況。

5.3.2　FaaS 實踐

本小節特別注意在實踐過程中的「函數」是如何實現的。

在實際使用 FaaS 時，首先需要定義函數。定義一個函數最重要的 3 個要素為入參、出參，以及函數處理邏輯。

其中，函數處理邏輯受限於程式語言，以及入參和出參。因為在函數處理邏輯中，只能從入參獲取資訊，並使用出參將資訊傳遞出去。為了有效規範函數使用，一般入參和出參都會被雲端平台預先定義，定義一般如範例 5.12 所示。

```
def any_fun(context, event):
    """
    :param context: 函數執行上下文、儲存系統，以及開發者自己在系統中儲存的 kv 資訊
    :param event: 函數入參
    :return: result 傳回結果
    """
    result = None
    # do some thing with event and context
    return result
```

t 範例 5.12　自訂函數指令稿

範例 5.12 中部分參數的含義如下。

- context：為函數執行上下文，是系統自動傳入的值。在該上下文中，包含一些系統預設會提供的資訊，如用來存取資料庫服務或其他資源的 SDK 和用戶端 IP 等資訊。
- event：用戶端的請求參數。

開發者在定義函數時，需要遵循範例 5.12 的模式，為自己的函數在命名空間中取一個唯一且合法的函數名稱。最後將函數指令稿上傳到服務端，偵錯透過後，透過發佈流程上傳函數。

由於授權系統並不是雲端平台，因此對於 FaaS 的實現並不會考慮所謂的動態伸縮和資費等問題。在授權系統中，使用 FaaS 更像是一種雲端函數的模式，會允許第三方應用根據規則上傳自己的函數到服務端，並進行呼叫。

5.3.3 自訂函數回呼位址實踐

在透過 FaaS 了解了自訂函數的相關概念後，下面介紹基於自訂函數回呼位址方案。方案整體流程如圖 5-6 所示。

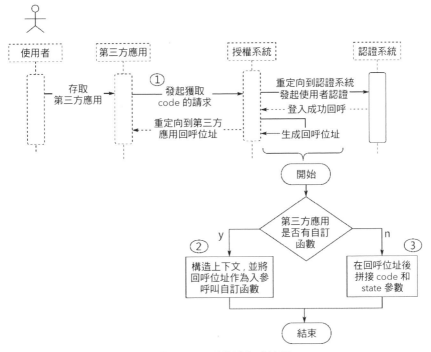

▲ 圖 5-6 回呼位址生成流程

下面對其中相關步驟說明。

步驟 1 第三方應用上傳自訂函數，用來生成回呼位址。

自訂函數的入參會包含 code、state 和回呼位址範本資訊，上下文資訊中還包含系統資源和第三方應用自訂資源。最後在獨立環境中，根據入參執行第三方應用自訂指令稿，以便獲取回呼位址。

在上下文資訊中，系統資源主要會包含授權系統提供的 SDK，用來提供一些資源的存取能力，以及一些工具函數的使用。此外，還會包含使用者自訂的資料和函數。所以，授權平臺要為第三方應用提供資料上傳能力和自訂函數上傳能力。

其中，資料上傳能力會支援 kv 模式的資料儲存；自訂函數上傳規則與回呼位址自訂函數類似。

步驟 2　第三方應用發起授權，獲取 code 的請求，如範例 5.13 所示。

```
https://example.OAuth.com/OAuth 2/authorize?client_id=
##&response_type=code&redirect_url=##&state=##&scope=##
```

t　範例 5.13　獲取 code 的請求

這裡的請求就是普通的基於 code 的請求連結。不同之處在於，其中的 redirect_url 可以攜帶任意的、存在於自己應用的回呼位址列表中的回呼位址範本。同時，為了能有效進行複雜參數傳遞，第三方應用需要對 redirect_url 進行 URL 編碼。

如果第三方應用沒有上傳自訂函數，則會採取降級方案。在圖 5-6 中使用的是最簡單的方式，即在回呼位址後面直接拼接 code 碼和 state 參數，也可以根據業務複雜度，降級到 5.2 節的字元替換回呼位址方案。

下面用一個具體例子來說明基於自訂函數生成回呼位址的過程。內容如範例 5.14 所示。

```
def demo_fun(context, event):
    """
    :param context: 函數執行上下文、儲存系統，以及開發者自己在系統中儲存的 kv 資訊
    :param event: 函數入參
    :return: 傳回結果
    """
    # 從入參中獲取回呼位址範本
    redirect_url = event.redirect_url
    # 從入參中獲取經過使用者授權以後生成的 code
    code = event.code
    # 回呼 state 值
    state = event.state
    # 授權系統提供的 SDK
    sdk = context.sdk
    # 第三方應用的 app_secret，在註冊第三方應用時的唯一設定
    app_secret = context.datas.get('app_secret')
```

```
    # 使用 SDK 附帶的簽名功能，使用 MD5 演算法以 app_secret 為鹽（salt）值，對 code 和
state 進行簽名
    sign = sdk.sign("md5", app_secret, (code, state))
    # 拼接回呼位址
    result = redirect_url + "?" + "code=" + code + "&state=" + state +
"&sign=" + sign
    return result
```

t 範例 5.14 為回呼位址增加簽名程式範例

範例 5.14 中的函數是一個為回呼位址參數增加簽名的函數，該函數使用 SDK 提供的簽名功能對回呼位址中的 code 和 state 進行了簽名。同時，使用 context 中的 datas 獲取上下文資料中的 app_secret 作為簽名的鹽值。最後將各個參數拼接成最終回呼位址。這個例子比較簡單，但是已經可以清楚地展示自訂函數的強大功能。

這裡提到了簽名，因為簽名在開放平臺業務中是一個比較重要的主體，很多請求都需要加簽和驗簽來保障參數在傳遞過程中沒有被篡改，在後文中會進行相關介紹。

自訂函數回呼位址方案使第三方應用擁有更靈活的回呼位址生成能力，因此在授權系統提供的函數執行環境中，第三方應用可以任意 DIY。

但是，授權系統要實現這套能力，需要實現很多複雜的功能。舉例來說，第三方應用需要能上傳自訂函數，能上傳自訂資料，有一套完整的自訂函數執行環境等。同時，上傳的自訂函數，也需要進行安全驗證，防止系統被惡意攻擊。

5.3 節主要介紹了回呼位址生成的各種方案，這些方案中回呼位址生成的自由度逐漸增加，實現起來也更加複雜。這 3 種回呼位址方案並沒有優劣之分，在實際應用時，只需選擇能滿足自身業務場景的方案即可。也就是說，越往後實現起來越複雜，也越靈活；反之，實現起來更加簡單，但是提供的能力更加單純。

5.4 code 生成方案

本節主要介紹 code 生成方案。在上面 5.1 節、5.2 節和 5.3 節中介紹了不同的回呼位址生成方案，但所有回呼位址中都會包含 code，那麼 code 應該如何生成呢？

code 生成方案千變萬化，既可以是簡單的全數字，也可以是字元數字組合；可以很長也可以很短。本節主要介紹基於隨機數和 UUID 的兩種 code 生成方案。

5.4.1 基於亂數產生 code 方案

基於亂數產生 code 方案，整體思想比較樸素。在替定隨機數值的設定值範圍，以及要生成的 code 長度後，在指定設定值範圍內的數值中，隨機選取 n 次（n 為 code 長度），最終得到要使用的 code。

在如範例 5.15 所示的隨機生成 code 的程式範例中，展示了使用亂數產生 code 的過程。該程式中提供了兩種生成隨機數 code 的方法，其核心原理都是生成一個長度為 code 長度的隨機數陣列，使用隨機數陣列中的對應數值，在字典資料表中取對應位置的字元作為該位元的 code 字元。程式中的 verifierBytes[i]&0xFF 是為了確保高位元不被污染，而 %DEFAULT_CODEC.length 是為了解決隨機生成的數值超出字典資料表長度的問題。

```
/**
 * 用來生成隨機 code
 */
public class RandomString {
    /**
     * 隨機數值範圍，所有隨機數值只能在該範圍內進行選取
     */
    private static final char[] DEFAULT_CODEC = "1234567890".toCharArray();
    /**
     * 預設使用安全隨機數
     */
    private static Random random = new SecureRandom();
    /**
     * 預設長度為 12bit
```

```
     * */
    private static int length = 12;
       /**
     * 生成一個隨機 code，使用預設長度 12bit
     */
    public static String generate() {
        return generate(length);
    }
       /**
     * 生成一個隨機 code，可以指定長度
     */
    public static String generate(int length) {
        // 建立一個指定長度的空 byte 陣列
        byte[] verifierBytes = new byte[length];
        // 使用隨機函數填充 byte 陣列
        random.nextBytes(verifierBytes);
        // 獲取對應字典中的字元
        return getAuthorizationcodeString(verifierBytes);
    }
       /**
     * 將 byte 陣列轉為 DEFAULT_CODEC 字典中由字元組成的字串
     */
    private static String getAuthorizationcodeString(byte[] verifierBytes) {
        // 建立相同長度的字元陣列
        char[] chars = new char[verifierBytes.length];
        // 遍歷 byte 陣列，兌換對應的字元並填充到字元陣列中
        for (int i = 0; i < verifierBytes.length; i++) {
            chars[i] = DEFAULT_CODEC[((verifierBytes[i] & 0xFF) % DEFAULT_CO
DEC.length)];
        }
        return new String(chars);
    }
       /**
     * 自訂預設隨機演算法
     */
    public static void setRandom(Random random) {
        RandomString.random = random;
    }
       /**
     * 自訂預設 code 長度
```

```
    */
    public static void setLength(int length) {
        RandomString.length = length;
    }
}
```

t 範例 5.15 隨機生成 code 的程式範例

執行範例 5.15 中的程式 10 次，所得到的結果如範例 5.16 所示。

```
public static void main(String[] args) {
    for (int i = 0; i < 10; i++) {
        System.out.println(RandomString.generate(5));
    }
}
```

```
/Library/Java/JavaVirtualMachines/jdk-11.0.8.jdk/Contents/Home/bin/java ...
68378
55132
43848
30094
61486
98524
98092
15141
48605
52714

Process finished with exit code 0
```

t 範例 5.16 隨機生成 code 程式的執行結果範例

5.4.2 解決隨機 code 衝突

當前預設字典資料表為「1234567890」，如果生成 5 位元的 code，則一共有 100 000 個 code 可以循環使用，雖然 code 一般都只有 5 分鐘的有效時間，但是 100 000 個 code，在併發量較高的情況下，依然會出現重複，也就是 code 衝突。

解決 code 衝突的辦法就是重新生成 code，直到在有效期內的所有 code 都與當前生成的 code 不同時，便得到可用 code。但是，重新生成 code 會造成系統資源浪費，以及使用者等待時間變長等問題，所以在實際生產中需要降低衝突發生的可能性。

降低 code 衝突可能性的方案有以下幾種。

1 · 方案一：增加 code 長度

　　舉例來說，字典資料表為「1234567890」，將 5 位元的 code 增加到 12 位元以後，code 的可循環利用範圍就變成了 1 000 000 000 000（1MB），衝突的可能性大大降低。

　　長度增加雖然降低了衝突機率，但是儲存和網路傳輸上的壓力會相應增加，所以 code 的長度也不是越長越好。

2 · 方案二：增加字典長度

　　舉例來說，將字典由「1234567890」修改為更長的字典「1234567890ABCDE-FGHIJKLMNOPQRSTUVWXYZabcdefghijklmnopqrstuvwxyz」後，同樣是 5 位元的 code，可循環使用的 code 的範圍是 62^5，約為 9 億。

　　但是，由於 code 要顯示在 URL 的參數上，因此 code 中的字元必須為 URL 安全的可見字元。而這樣的字元是有限的，所以字典長度有最大值。

3 · 方案三：縮小 code 作用域

　　沒有任何域限制的 code 在進行資訊快取時，會將 code 作為 key 值，如範例 5.17 所示。

```
key:code
value:
{
    "client_id":"7c6bdb6a3f1049b893a4a6294e241110",
    "redirect_url":"https://www.example.com",
    "response_type":"code",
    "scope":"base_info,shop_operate",
    "state":"my_sate",
    "pin":"fake_pin",
    "shop_id":"fake_shop"
}
```

t 範例 5.17　沒有任何域限制的 code

這就要求 code 必須全域唯一。但是在實際業務場景中，code 必然屬於某個第三方應用。因此，在生成 code 時，授權系統知道是在為哪個第三方應用生成 code，而在使用 code 時，授權系統也知道是哪個第三方應用在消費該 code。也就是說，每個第三方應用完全可以有一套自己獨立的 code 域，並保障在自己 code 域內，code 不發生衝突即可。

實現 code 作用域最簡單的方式就是在 key 前加上 ClientID 首碼。這樣即使是不同的第三方應用獲取相同的 code，也不會發生衝突。加域限定後的 code 如範例 5.18 所示。

```
key:ClientID#code
value:
{
    "client_id":"7c6bdb6a3f1049b893a4a6294e241110",
    "redirect_url":"https://www.example.com",
    "response_type":"code",
    "scope":"base_info,shop_operate",
    "state":"my_sate",
    "pin":"fake_pin",
    "shop_id":"fake_shop"
}
```

t 範例 5.18 加域限定後的 code

以上 3 種方案都能在一定程度上降低 code 發生衝突的機率，在實際生產中，可以將這 3 種方案結合起來使用。

但是，無論如何檢測 code 是否重複的操作不能省略。因為機率低，並不等於不可能發生。並且在使用 code 時，一定要檢查 code 所對應的快取資訊中的 client_id 是否與當前的 ClientID 一致，以防止某個第三方應用的 code 失效後，獲取其他第三方應用的 code 進行消費。

5.4.3 基於 UUID 生成 code

UUID 的相關內容在前文中已經進行了介紹，整體來看，UUID 其實就是一種特殊的、全域唯一的隨機數。由於這種全域唯一的特性，使用 UUID 生成的

code 完全不會重複，從而避免 code 衝撞檢測，能減少一次 I/O 請求。但是生成的 code 比較長，固定為 36 位元，對於網路傳輸和儲存壓力較大。

使用隨機數和 UUID 生成 code 時的流程對比，如圖 5-7 所示。

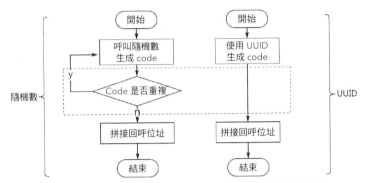

▲ 圖 5-7 使用隨機數和 UUID 生成 code 時的流程對比

在一些較老的授權系統中，亂數產生 code 仍然在發光發熱，而在一些新的授權系統中，多數選用了 UUID 作為 code。主要原因是，現在電腦硬體和網路基礎設施對於儲存和傳輸像 UUID 這樣的 code 已經毫無壓力。

5.5 code 消費

5.5.1 標準 code 消費策略

code 生成後，一般會儲存在 kv 資料庫中，結構如範例 5.17 所示。其中，key 為 code，value 為使用 code 生成 access_token 的必要資訊。當授權系統收到第三方應用所發出的使用 code 換取 access_token 請求（見範例 5.19）時，需要從 code 中拿到相應資訊生成 access_token。

```
https://example.OAuth.com/OAuth 2/access_token?client_id=
##&client_secret=##&code=#& grant_type=authorization_code
```

t 範例 5.19 使用 code 換取授權資訊

在前文中提到過 code 只能消費一次，也就是說，當授權系統收到如範例 5.19

所示的請求時，授權系統使用 code 獲取對應的生成 access_token 所需資訊後，就會將對應快取刪除。快取刪除後，第三方應用不能再使用該 code 獲取 access_token 資訊。

這樣做的好處是，可以有效避免惡意攻擊。當第三方應用使用一個有效期內的 code，重複請求授權系統獲取 access_token 時，授權系統會應答第一次請求，而後面的請求，由於快取失效會快速失敗。

同時，由於 code 存在有效期（在前文中，規定了 code 的有效期為 5 分鐘），當 code 到期後，第三方應用同樣不能使用該 code 獲取 access_token 資訊。

設想一個第三方應用一直惡意生成 code，卻不消費 code 獲取 access_token，那麼，如果不給 code 設置過期時間的話，伺服器的儲存資源將在某一個時刻耗盡。也就是說，code 存在有效期可以在一定程度上保護伺服器的儲存資源。

綜上所述，預設 code 只能使用 1 次，並且 5 分鐘內過期。該策略可以在有效提供授權服務的前提下，有效保護授權系統的安全穩定。但是，在一些特殊的場景下，這些預設條件可能需要進行必要修改，以便滿足實際業務場景要求。

5.5.2 code 消費策略最佳化

由於第三方應用引導使用者進行的授權流程是在網際網路環境中完成的，在這個過程中，涉及服務端和用戶端的互動，那麼因網路而導致的資訊遺失是在所難免的。

在這種前提下，第三方應用透過範例 5.19 的請求。在使用授權系統回呼的 code 換取 access_token 時，授權系統已經消費了 code 並成功生成 access_token，但是在 access_token 傳回第三方應用時，由於網路原因，導致第三方應用沒有收到 access_token，最終第三方應用會因請求逾時而失敗。

這種因網路而導致的請求失敗是無法避免的，所以很多用戶端會有重試機制。通常在收到請求逾時錯誤後，會基於一些重試演算法進行若干次請求重試，嘗試獲取正確結果。但是，在透過 code 獲取 access_token 的預設場景下，code 只能被使用一次，這就會導致後面重試的請求會收到「無效 code」的錯誤訊息。也就是說，授權系統並沒有保證透過 code 獲取 access_token 請求的冪等性，互動流程如圖 5-8 所示。

在收到「無效 code」的錯誤訊息後，第三方應用只能重新發起授權流程獲取新的 code。這個過程需要使用者重新進行授權，從而導致使用者體驗下降。

下面介紹幾種最佳化策略，以避免出現上述問題。

1．增加 code 消費次數

相比於每個 code 只能消費一次，適當增加 code 被消費的次數，可以避免因各種原因導致的使用者重新授權。

下面以 Redis 為快取媒體來介紹該方案，互動流程如圖 5-9 所示。

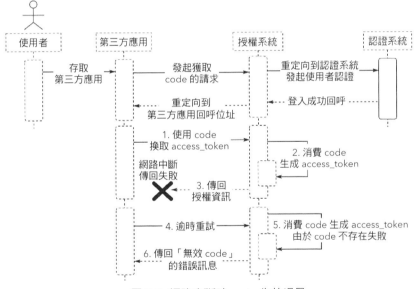

▲ 圖 5-8　網路中斷時 code 失效場景

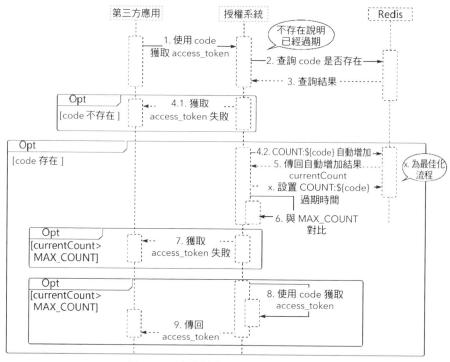

▲ 圖 5-9　可多次消費 code 系統的互動流程

圖 5-9 中各步驟詳情如下。

步驟 1　第三方應用使用 code 換取 access_token，對應圖 5-9 中第 1 步。

步驟 2　授權系統以該 code 為 key（基於全域唯一 code 生成方案），獲取生成 access_token 的資訊，對應圖 5-9 中第 2 步和第 3 步。

步驟 3　授權系統使用 code 獲取 access_token。

如果在圖 5-9 中前 3 步獲取的資訊為空，則證明 code 已經過期失效，直接傳回失敗資訊，對應圖 5-9 中第 4.1 步。

如果獲取的資訊不為空，則在 Redis 中對 COUNT:${code}（${code} 表示對應 code）所對應 key 的 value 值自動增加 1，並獲取自動增加後的結果 currentCount（Redis 有相應命令），對應於圖 5-9 中第 4.2 步和第 5 步。

接著使用 currentCount 與事先設定好的全域變數 MAX_COUNT 進行對比，對應圖 5-9 中第 6 步。如果 currentCount 比 MAX_COUNT 大，則說明 code 已經超過了限制的重複使用次數，直接傳回失敗資訊，對應圖 5-9 中第 7 步。反之，則說明 code 還可以繼續使用，因此可以按照正常流程使用 code 對應資訊獲取 access_token，並傳回給第三方應用，對應圖 5-9 中第 8 步和第 9 步。

透過該方案，可以允許第三方應用使用相同 code 在允許範圍內進行重試，在一定程度上避免一些因為逾時而導致使用者需要重新進行授權情況的出現。如果網路確實不穩定，則依然會出現需要使用者重新授權的情況。

為了有效支援該方案，還需要保證 access_token 生成過程的冪等性。也就是說，在重複使用 code 來換取 access_token 時，如果沒有有效的 access_token，則生成新的 access_token；如果有有效的 access_token，則不需要再生成新的 access_token，只需傳回當前有效的 access_token 資訊即可。

基於該方案，在使用 code 獲取 access_token 後，不會刪除 code（見圖 5-9 中第 8 步），code 需要等到過期以後才會被刪除，這就延長了 code 在儲存系統中的生命週期，在一定程度上會浪費系統儲存資源。

我們可以透過適當縮短 code 有效期來緩解相關問題。舉例來說，將 code 過期時間設置為 2 分鐘或更短，這樣縮短有效期，一般不會對第三方應用造成較大的影響。這是因為一般第三方應用在拿到 code 後，都會立刻使用 code 換取 access_token。

最後，該方案在極端場景下存在一些瑕疵。比如，在圖 5-9 中第 3 步查詢 code 快取資訊時，雖然 code 還處在有效期內，但是當執行圖 5-9 中第 4.2 步對 COUNT:${code} 進行自動增加時，code 已經失效。

在這種情況下，code 和 COUNT:${code} 都已經不存在了（在初始化 code 時，已經初始化了 COUNT:${code} 為 0 並設置了和 code 相同的過期時間），但是 Redis 對不存在的 key 進行自動增加操作時，會先生成該 key 並初始化為 0，再進行自動增加操作。那麼，結果會是 COUNT:${code} 所對應的值被設置為 1，並且沒有過期時間。在這種臨界條件下，雖然 access_token 能正常傳回第三方應用，但是會給系統造成垃圾資料（所有在該極端情況下生成的 COUNT:${code} 都會一直儲存在儲存系統中）。

為了解決這個問題，可以在每次自動增加操作完成後，為 code 計數器所對應的 COUNT:${code} 重新設置過期時間為 code 過期時間，對應圖 5-9 中第 x 步。這樣雖然 COUNT:${code} 不能與 code 同時過期，但是也能在有限時間內過期，最終釋放儲存資源。並且 code 在初始化時，會初始化對應計數器 COUNT:${code} 的值為 0，並設置過期時間，卻不會對隨機數方案這種 code 重複出現的情況造成影響。

2．完全不限制 code 消費次數

這種方案下，只要 code 在有效期內，第三方應用就能一直使用相同 code 獲取 access_token。

在這種方案下，如果 code 洩露或第三方應用進行惡意攻擊，不停地使用 code 獲取 access_token，則會給伺服器帶來巨大壓力，在極端條件下可能導致伺服器崩潰。

所以，這種方案需要與一定的安全性原則結合起來使用。最常用的方案就是 IP 白名單方案。

在第三方應用建立時，要求第三方應用填寫 IP 白名單，這樣只有在白名單中的 IP 位址，才能使用 code 獲取 access_token。也就是說，即使 code 洩露，駭客拿到 code 後，由於傀儡機並不在 IP 白名單中，駭客所發送的請求會直接被系統攔截。

同時，授權系統會有相應監控系統，如果發現白名單中的 IP 異常使用 code，則可以透過監控系統將 IP 從白名單中轉移到黑名單中（這個過程可以透過設置一些設定值來實現自動觸發），從而避免第三方應用進行惡意攻擊。整個互動流程如圖 5-10 所示。

在圖 5-10 中，IP 白名單的作用發揮在②框選的互動流程中，即使用 code 獲取授權 access_token 的互動流程中。而①框選的互動流程，是不進行 IP 白名單限

制的，即使用者存取第三方應用，第三方應用發起鑑權流程來獲取 code，因此該互動流程是不進行 IP 白名單限制的。

　　因為在①框選的互動流程中，向授權系統發起請求的是使用者的 PC 端（或其他電子裝置），如果在這裡進行了 IP 白名單限制，則相當於限制了第三方應用的使用者群眾。這對一個要廣泛應用的第三方應用來說，是無法接受的。

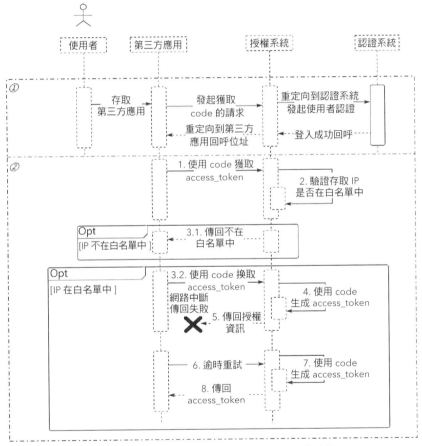

▲ 圖 5-10　不限次數消費 code 系統的互動流程

　　同時，當在該步驟中獲取 code 時，需要使用者進行登入鑑權，所以對授權系統造成的影響，可以透過對使用者進行監控的方式規避。也就是說，如果惡意使用者想透過不斷獲取 code 來攻擊授權系統，則必須有一個授權系統承認的使用者名稱和密碼登入後才能完成。在使用者登入時，現在一般會使用圖片驗證碼或滑動桿驗證碼這種系統難以模擬的操作來確認是真實的人在操作。即使駭客突破了驗證碼限制，也可以透過系統檢測出存在異常行為的使用者，並對使用者進行封禁，最終阻擋惡意攻擊。

而在②框選的互動流程中，使用 code 獲取 access_token 的操作，是由第三方應用所部署的伺服器發起的，在伺服器量少的情況下，第三方應用可以獲取自己所有伺服器的公網 IP 並進行設定。在一些比較大型的第三方應用中，可能已經有一套自己完整的網路層基礎設施，可以直接將所有的伺服器出口設置為統一的公網 IP。所以，我們完全可以在 IP 白名單機制下進行授權流程開發。

這也正是基於授權碼進行授權的優勢所在，將使用者通道和後端通道進行分離，在使用者通道中，透過常見的使用者登入相關的安全機制來保障伺服器安全；而在後端通道中，透過白名單機制來保障伺服器安全。

3 · 總結

推薦使用第二種方案，因為該方案提供了在有效期內可以重複使用的 code，對第三方應用程式開發和使用者使用都比較友善。同時，基於 IP 白名單提供的一套安全機制能有效保障授權系統安全，相比於增加 code 消費次數的開發成本也比較低。

但是，第二種方案也有缺點，如 code 在系統中存活的時間由 code 過期時間決定，在高併發場景下，可能存在 code 佔用的儲存空間迅速上升的情況；同時，如果結合基於隨機數的 code 生成方案，則可能會出現大量的 code 衝突的情況。

第 6 章

簽名

　　對於開放平臺這種有大量公網介面的系統，資料傳輸過程中的安全性非常重要。為了確保資料傳輸的安全性，我們需要保障資料在傳輸過程中不被他人破解，並且不被他人篡改；對應的保護措施就是加密和簽名。本章對開放平臺與外部互動過程中所用到的加密和簽名介紹。

6.1　簽名演算法引入

在傳輸、儲存資料的過程中，確保資料不被篡改或在篡改後能迅速地被發現，這就是資料完整性。

在開放平臺相關業務中，為了確保第三方應用在進行授權或請求 API 閘道時，相關請求入參及開放平臺的傳回結果不被非法篡改，需要提供保障資料一致性的能力。

如果資料交換的雙方是面對面的，則不會存在資訊被篡改的問題。但是，當雙方使用網際網路進行資料交換時，在發送方將資料發送以後，會在網際網路中經過多個網路節點中轉後，才能到達接收方。而經過的這些網路節點，很多都是公開的，或是其他惡意網路節點，因此這些節點完全有能力對資料進行篡改，從而破壞資料一致性。這樣 A 本來想轉帳給 B，但是經過篡改後卻轉帳給了 C，從而給 A 造成很大的損失。

在如圖 6-1 所示的網路資訊傳播流程中，加粗的路徑展示了資料篡改的案例，即資料從 PC 流向 Web 伺服器時，在公網的路由上被駭客篡改。

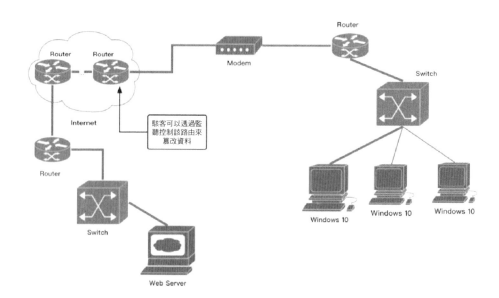

▲ 圖 6-1 網路資訊傳播流程

保護資料完整性的方法之一是資料簽名演算法，下面介紹相關概念。

首先是散列函數（Hash 函數）。Hash 函數是一種能將任意輸入資料轉為固定格式數位「指紋」的函數。該函數將資料打亂、混合、壓縮成摘要，使得資料量變小，最終結算出所謂的散列值。

簡單來說，Hash 函數以任意能以 bit 進行表示的資料為輸入，以固定長度的 bit 為輸出，相同的 bit 輸入永遠對應相同的 bit 輸出。並且目前使用的散列函數，在接收不同的 bit 輸入後，對應的 bit 輸出基本上不會重複。

在 4.3 節中，已經使用過 Hash 函數，並且了解到 Hash 函數還有一個重要特性——不可逆性，即透過原文可以很容易地推算出對應的散列值，但是無法透過散列值推算出原文。

Hash 函數的功能如圖 6-2 所示。

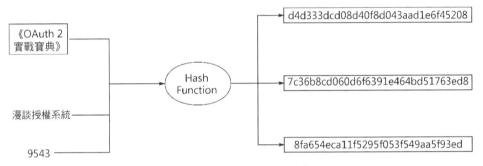

▲ 圖 6-2 Hash 函數的功能

Hash 演算法的種類很多。一般會先定義一個基礎的演算法族，然後在演算法族下定義不同版本實現，從演算法族上分有 MD、SHA、RIPEMD、TIGER、SNEFRU、GOST、CRC、FNV 和 HAVAL 等。其中，MD 中有 MD2、MD4 和 MD5；SHA 中有 SHA1、SHA256 和 SHA512 等。

有了 Hash 函數後，A 在替 B 進行轉帳時，就可以用散列值防止資訊被篡改。

A 在轉帳資訊後附上轉帳參數的散列值。這樣如果有駭客篡改了轉帳參數後，則銀行系統重新計算散列值時，就會得到不同的散列值，從而判斷轉帳參數已經被修改，進而拒絕該轉帳操作。

但是，這種方式存在一個很大的漏洞。這個漏洞是 Hash 演算法種類有限，並且大多都是公開的，所以駭客在篡改資訊以後，還可以透過已知公開的 Hash 演算法在有限時間內計算出散列值，這樣銀行驗證時就會驗證通過。而採用個性化的 Hash 演算法成本高，同時與前面介紹的對稱加密演算法一樣，雙方必須都知道 Hash 演算法才能進行散列操作，最終如何安全傳輸 Hash 演算法成了難題。所以，我們可以引入非對稱加密演算法來解決相關問題。

6.2 非對稱加密簡介

在密碼學中，加密（Encryption）是將明文資訊改變為難以讀取的加密，使之不讀取的過程。解密（Decryption）則相反，是把加密復原為明文的過程。

加密演算法可以分為兩大類，分別為對稱加密演算法和非對稱加密演算法。

在 4.4 節中，已經介紹過對稱加密演算法。對稱加密演算法在加密和解密時，使用相同金鑰，所以需要發送方和接收方事先都透過某種方式交換金鑰後，才能使用對稱加密演算法進行加密通訊（在 4.4 節中，發送方和接收方都是授權系統，不需要進行金鑰傳遞）。

非對稱加密演算法需要生成一對金鑰，其中一個金鑰可以公開，所以被稱為公開金鑰（Public Key），而不公開的金鑰，就被稱為私密金鑰（Private Key），知道其中一個，並不能在多項式時間內計算出另一個的值。公開金鑰和私密金鑰都可以用於加密，用公開金鑰加密的內容，只能使用對應私密金鑰解密；相反，用私密金鑰加密的內容，只能用對應公開金鑰解密。也就是說，對於一對金鑰，有兩種加解密流程，如圖 6-3 所示。

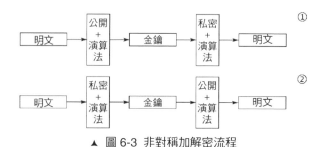

▲ 圖 6-3 非對稱加解密流程

提示
在部分非對稱加密演算法中，公開金鑰不能推導出私密金鑰，並且公開金鑰是由私密金鑰推導而來的。舉例來說，應用在比特幣中的橢圓曲線加密演算法。

在圖 6-3 中，①流程使用公開金鑰加密，使用私密金鑰解密；②流程中使用私密金鑰加密，使用公開金鑰解密。這兩個流程在實際應用中的用途不同。

在實際應用中，如果發送方想要發送一段加密資料給接收方，那麼接收方將自己金鑰對中的公開金鑰透過網路傳給發送方，或直接在網上公開自己的公開金鑰，即任何人都能獲取接收方的公開金鑰。發送方使用該公開金鑰對要發送的資料進行加密後，若想從加密中解出明文，則只能透過對應的私密金鑰解密，而私密金鑰只有接收方擁有，那麼就表示只有接收方能從加密推導出明文。該過程對應於圖 6-3 中的①流程。

但是，由於非對稱加密演算法非常複雜，加解密時比對稱加密演算法要慢，因此一般會使用非對稱加密演算法傳遞對稱加密演算法中的金鑰，雙方使用對稱加密演算法，進行資訊加密傳輸。也就是說，使用非對稱加密演算法，解決了對稱加密演算法中金鑰傳遞的安全問題，從而使得使用效率更高的對稱加密演算法進行資訊傳遞成為可能。

在實際應用中，還有一種場景是數位簽章，透過數位簽章，能為資料傳輸提供可驗證性、完整性和不可否認性等特性。圖 6-3 中②流程就對應於該場景，具體流程如下。

- 發送方使用 Hash 演算法對發送內容（記為 TEXT）進行運算產生散列值（記為 HV1）。
- 發送方使用私密金鑰對 HV1 進行加密得到數位簽章（記為 DS）。
- 發送方將 TEXT 和 DS 發送給接收方。
- 接收方使用發送方提供的公開金鑰對 DS 進行解密，得到 HV1。同時，使用相同的 Hash 函數對 TEXT 進行運算得到 HV2。

- 對比 HV1 和 HV2，如果一致，則代表傳輸過程中資料沒有被篡改，否則代表傳輸過程中資料已經被篡改。

6.3 進一步探討簽名演算法

為什麼數位簽章演算法能保護資料的完整性？其原因是，如果駭客篡改了發送內容，那麼接收方計算出的 HV2 就不等於解密後的 HV1。

那不法分子能不能把發送的 DS 也同時修改，使得修改後的 DS 透過解密後能生成與 HV2 一致的散列值呢？答案是否定的，因為 DS 是透過發送方的私密金鑰對 HV1 加密後產生的，駭客無法獲取私密金鑰，也就不能加密出能被對應的公開金鑰正常解密的 DS，最後的對比依然是不一致的。

為什麼數位簽章演算法要引入 Hash 演算法呢？實際上就算沒有 Hash 演算法，使用私密金鑰對整個文字加密，解密出明文依然能保障資料不被篡改。其原因是，非對稱加密演算法本身的複雜性，使整個加密演算法很慢，如果原文很長的話，直接對原文進行加密會消耗大量的時間，同時產生的加密資料也會相當長，所以需要引入 Hash 演算法，將原文轉為一一對應，且非常短的散列值後再加密，能大大提高簽名效率。

綜上所述，只有在擁有了非對稱加密演算法以後，私密金鑰持有者才能進行簽名。而 Hash 演算法只發揮生成摘要，減少加密資料量的作用。

有了簽名演算法，A 就可以放心地給 B 進行轉帳了。當然，一般資料也不會「裸奔」在網際網路上。通訊雙方會透過圖 6-3 中①流程交換對稱加密演算法金鑰，並使用對稱加密演算法將 TEXT 和 DS 進行加密後傳輸。接收方收到資訊後，首先用對稱加密演算法對收到的資訊進行解密，然後進行簽名驗證。

6.4 常見的簽名演算法

6.4.1 非對稱簽名演算法

常見的數位簽章演算法包括 RSA、DSA 和 ECDSA 三種。

其中，RSA 是非對稱加密演算法之一，被廣泛用於安全資料傳輸。它的安全性取決於整數分解，因此永遠不需要安全的 RNG（亂數產生器）。與 DSA 相比，RSA 的簽名驗證速度快，但是生成速度慢。表 6-1 所示為 RSA 所支援的簽名演算法，都是與不同的 Hash 函數結合的結果。

表 6-1　RSA 所支援的簽名演算法

演算法	金鑰長度	金鑰長度預設值	簽名長度
MD2+RSA	512 ～ 65 536bit，金鑰長度必須是 64 的倍數	1024bit	與金鑰長度相同
MD5+RSA			
SHA1+RSA			
SHA224+RSA			
SHA256+RSA		2048bit	
SHA384+RSA			
SHA512+RSA			
RIPEMD128+RSA			
RIPEMD160+RSA			

DSA 是用來進行數位簽章的演算法，不能用來進行資料加解密。它的安全性，取決於演算法對應的離散對數問題的複雜性。與 RSA 相比，DSA 的簽名生成速度更快，但驗證速度較慢。同時，如果使用錯誤的 RNG，可能會破壞安全性。目前，DSA 由於安全問題已經不推薦使用。

ECDSA 是 DSA 的橢圓曲線實現。橢圓曲線的密碼技術能以較小的金鑰提供與 RSA 相同的安全等級。由於底層還是 DSA，因此也對錯誤的 RNG 敏感。所以，在實際工作中，通常使用 ED25519 進行替代。

在實際工作中，推薦優先使用 RSA，如果對性能有要求，則可以使用 ED25519。

6.4.2　開放平臺實踐中使用的簽名演算法

6.4.1 節對常用的簽名演算法進行了簡單介紹，下面開始介紹另外兩種簽名演算法：一種是基於鹽值的簽名演算法，另一種是基於對稱加密演算法的簽名演算法。

由於開放平臺的簽名場景比較特殊，因此這兩種簽名演算法在開放平臺中的應用非常廣泛。

在前文中介紹了 Hash 演算法，發現合格的 Hash 演算法對輸入敏感，只要輸入發生輕微變化，生成的散列值就會大不相同。

基於這一點，可以先在要簽名內容中的開頭和結尾都拼接上一個鹽值，再使用 Hash 演算法進行簽名，從而得到有效的簽名。

舉例來說，對於一個文字 TEXT 進行鹽值拼接後變成了 salt+TEXT+salt。使用 SHA-256 演算法進行散列計算，得到的散列值便可作為簽名。在傳輸的過程中，駭客截獲資訊後，由於不知道鹽值，因此無法偽造簽名，最終達到保障資料不被篡改的目的。

另外，如果使用對稱加密演算法對文字進行加密後，再使用 Hash 演算法獲取散列值，也能得到有效的簽名。

舉例來說，對於一個文字 TEXT，使用對稱加密演算法計算得到 EN-TEXT 後，使用 SHA-256 演算法進行散列計算，得到的散列值便可作為簽名。在傳輸過程中，駭客截獲資訊後，由於不知道對稱加密演算法的金鑰，因此無法偽造簽名，最終保障資料不被篡改。

但是以上兩種方案，使用的前提非常苛刻，需要進行簽名和驗簽的雙方必須擁有相同的鹽值或對稱加密演算法金鑰。這也就導致這兩種簽名演算法應用場景十分有限。但是，在授權系統中，第三方應用的 ClientSecret 可以作為授權系統和第三方應用通訊簽名時天然的鹽值和金鑰。

每個第三方應用在建立時，都會生成 ClientSecret。授權系統能從資料庫中獲取 ClientSecret，並且第三方應用程式開發者可以登入主控台系統對其進行查看，由於系統使用 HTTPS 提供服務，因此不存在 ClientSecret 在傳輸過程中被洩露的問題。

下面針對使用 MD5 和 HMAC-SHA256 這兩種簽名方法的具體實現介紹。

簽名相關的 UML 類別圖結構如圖 6-4 所示。

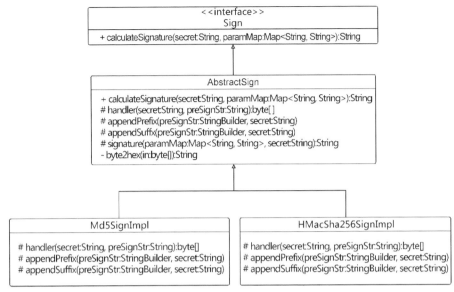

▲ 圖 6-4 簽名相關的 UML 類別圖結構

其中，Sign 是頂級介面，定義了唯一的簽名計算方法 calculateSignature()。該方法的入參有金鑰 secret（ClientSecret）和要簽名的參數對 paramMap。

paramMap 中儲存著參數名稱為 key，參數值為 value 的請求參數對。calculateSignature() 方法透過 secret 和 paramMap 生成簽名。該介面的具體程式如範例 6.1 所示。

```
/**
 * 簽名計算介面，該介面唯一定義了 calculateSignature() 方法進行簽名計算
 */
public interface Sign {
    /**
     * 進行簽名計算
     * @param secret ClientSecret 無論使用什麼簽名計算方法，都會用到 ClientSecret
     * secret 可以作為簽名演算法金鑰，也可以作為混淆欄位
     * @param paramMap 參與簽名的 key-value 集合
     * 對應於要參與簽名的所有參數對
     * 舉例來說，在 https://www.example.com?id=1&name=marry 請求
     * 中，paramMap 的值為 {id:1,name:marry}。為了保證在不同平臺、不同語言
     * 中 paramMap 在遍歷 key 時順序一致，一般 Map 都會是一種可排序的
     * Map 實現，如 TreeMap，可以將 key 以自然序進行排序後再傳入該方法
```

```
    * @return 簽名的結果
    */
   String calculateSignature(String secret, Map<String, String> paramMap);
   /**
    * 多載方法，入參直接是指定好的字串，不需要再進行處理
    * @param secret ClientSecret 無論使用什麼簽名計算方法，都會用到 ClientSecret
    * @param text 準備進行簽名的字串
    * @return 簽名的結果
    */
   String calculateSignature(String secret, String text);
}
```

t 範例 6.1 Sign 介面

AbstractSign 是 Sign 的抽象子類別，該類別定義了 handler()、appendPrefix() 和 appendSuffix() 三個抽象方法供子類別實現。

其中，signature() 方法將參數對和 secret 轉為字串，同時會呼叫子類別的 appendPrefix() 方法給該字串增加首碼，並呼叫子類別的 appendSuffix() 方法給該字串增加尾碼。

handler() 方法對 signature() 方法傳回的字串進行簽名，呼叫 byte2hex() 方法將 byte 陣列轉為十六進位字串。

byte2hex()、handler() 和 signature() 方法的邏輯呼叫，都由 AbstractSign 抽象類別覆蓋 Sign 介面中的 calculateSignature() 方法進行組織。AbstractSign 類別的具體程式如範例 6.2 所示。

```
/**
 * 數位簽章基礎類別：封裝了一套前尾碼拼接，進行簽名並將簽名轉為十六進位字串的簽名流程
 * @implSpe：該基礎類別已經覆蓋了 {@link Sign#calculateSignature(String, Map) }
 方法，透過該方法
 * 首先呼叫 signature() 方法將 paramMap 中的參數轉為字串，並拼接由子類別指定的首碼和尾
 碼作為要簽名的 text 文字
 * 傳入 handler() 方法中進行簽名；然後將 handler() 方法傳回的結果透過呼叫 byte2hex()
 方法轉為十六進位字串
 * 子類別需要實現 handler() 方法類別進行具體簽名操作
 * 子類別需要實現 appendPrefix() 方法指定首碼
 * 子類別需要實現 appendSuffix() 方法指定尾碼
```

```java
 */
public abstract class AbstractSign implements Sign {
    /**
     * 該方法覆蓋了 {@link Sign#calculateSignature(String, Map)} 方法
     * 在利用範本方法模式組織了整個簽名過程後
     * 可以將一些實現細節交給子類別來實現
     * @param secret ClientSecret 無論使用什麼簽名計算方法，都會用到 ClientSecret
     * secret 可以作為簽名演算法金鑰，也可以作為混淆欄位
     * @param paramMap 參與簽名的 key-value 集合，對應於要參與簽名的所有參數對
     * 舉例來說，在 https://www.example.com?id=1&name=marry 請求
     * 中，paramMap 的值為 {id:1,name:marry}。為了保證在不同平臺、不同語言
     * 中 paramMap 在遍歷 key 時順序一致，一般 Map 都會是一種可排序的
     * Map 實現，如 TreeMap，可以將 key 以自然序進行排序後再傳入該方法
     * @return 簽名結果
     */
    @Override
    public String calculateSignature(String secret, Map<String, String>
paramMap) {
        try {
            // 建構簽名字串
            final String text = signature(paramMap, secret);
                // 由具體的實現演算法進行簽名
            final byte[] byteSign = handler(secret, text);
                // 轉為十六進位字串，十六進位字串並不是唯一選擇，可以選用 Base64 演算法
            return byte2hex(byteSign);
        } catch (Exception e) {
            throw new RuntimeException("sign error !");
        }
    }
    /**
     * 該方法覆蓋了 {@link Sign#calculateSignature(String, String)} 方法
     * 在利用範本方法模式組織了整個簽名過程後
     * 可以將一些實現細節交給子類別來實現
     * @param secret ClientSecret 無論使用什麼簽名計算方法，都會用到 ClientSecret
     * secret 可以作為簽名演算法金鑰，也可以作為混淆欄位
     * @param text 準備進行簽名的字串
     * @return 簽名結果
     */
    @Override
    public String calculateSignature(String secret, String text) {
```

```
        try {
            // 由具體的實現演算法進行簽名
            final byte[] byteSign = handler(secret, text);
                // 轉為十六進位字串，十六進位字串並不是唯一選擇，可以選用 Base64 演算法
            return byte2hex(byteSign);
        } catch (Exception e) {
            throw new RuntimeException("sign error !");
        }
    }
     /**
      *
      * @param secret ClientSecret 無論使用什麼簽名計算方法，都會用到 ClientSecret
      * secret 可以作為簽名演算法金鑰，也可以作為混淆欄位
      * @param preSignStr 待簽名的文字字元，該字元由 {{@link #signature
(Map, String)}} 方法傳回
      * @return 簽名後的二進位結果（大部分簽名演算法都傳回的是 byte[]，因為整個過程其
實就是 bit 的計算、混淆）
      * @throws NoSuchAlgorithmException
      * @throws UnsupportedEncodingException
      * @throws InvalidKeyException
      */
    protected abstract byte[] handler(String secret, String preSignStr)
throws NoSuchAlgorithmException, UnsupportedEncodingException,
InvalidKeyException;
     /**
      * 由子類別進行實現，該方法給 preSignStr 增加自訂首碼，如果不增加首碼，則空實現該
方法即可
      * @param preSignStr 待簽名的文字字元，進入該方法時一般為空字串，由 {{@link
#signature(Map, String)}} 方法決定
      * @param secret ClientSecret 無論使用什麼簽名計算方法，都會用到 ClientSecret
      * secret 可以作為簽名演算法金鑰，也可以作為混淆欄位
      */
    protected abstract void appendPrefix(StringBuilder preSignStr, String secret);
     /**
      * 由子類別進行實現，該方法給 preSignStr 增加自訂尾碼，如果不增加尾碼，則空實現該
方法即可
      * @param preSignStr 待簽名的文字字元，進入該方法時字串一般不為空，由 {{@link
#signature(Map, String)}} 方法決定
      * @param secret ClientSecret 無論使用什麼簽名計算方法，都會用到 ClientSecret
      * secret 可以作為簽名演算法金鑰，也可以作為混淆欄位
      */
```

```java
    protected abstract void appendSuffix(StringBuilder preSignStr, String secret);
      /**
       *
       * @param paramMap 參與簽名的 key-value 集合，對應於要參與簽名的所有參數對
       * 舉例來說，在 https://www.example.com?id=1&name=marry 請求
       * 中，paramMap 的值為 {id:1,name:marry}。為了保證在不同平臺、不同語言
       * 中 paramMap 在遍歷 key 時順序一致，一般 Map 都會是一種可排序的
       * Map 實現，如 TreeMap，可以將 key 以自然序進行排序後再傳入該方法
       * @param secret ClientSecret 無論使用什麼簽名計算方法，都會用到 ClientSecret
       * secret 可以作為簽名演算法金鑰，也可以作為混淆欄位
       * @return 待簽名文字字元
       */
    protected String signature(Map<String, String> paramMap, String secret) {
        // 建立空字串
        StringBuilder preSignStr = new StringBuilder();
        // 增加首碼
        appendPrefix(preSignStr, secret);
        // 遍歷 Map 中的所有 key-value 對，如果不為空，則進行拼接
        for (Map.Entry<String, String> entry : paramMap.entrySet()) {
                String name = entry.getKey();
                String value = entry.getValue();
                if (StringUtils.hasText(name) && StringUtils.
hasText(value)) {
                    preSignStr.append(name).append(value);
                }
            }

            // 拼接尾碼
            appendSuffix(preSignStr, secret);
              return preSignStr.toString();
        }
        /**
         * 將二進位簽名結果轉為十六進位字串
         * @param in 要轉為十六進位字串的二進位簽名結果
         * @return 轉換後的十六進位字串
         */
        private String byte2hex(byte[] in) {
            StringBuffer hs = new StringBuffer();
            String stmp = "";
            for (int n = 0; n < in.length; n++) {
```

```
            stmp = (Integer.toHexString(in[n] & 0XFF));
            if (stmp.length() == 1) {
                hs.append("0").append(stmp);
            } else {
                hs.append(stmp);
            }
        }
        return hs.toString().toUpperCase();
    }
}
```

t 範例 6.2 AbstractSign 類別

Md5SignImpl 是使用 MD5 演算法進行簽名的具體實現類別，覆蓋了 handler()、appendPrefix() 和 appendSuffix() 三個方法，以實現相關業務。該類別的具體程式如範例 6.3 所示。

```
/**
 * MD5 版本的數位簽章演算法實現
 * 該演算法會先在簽名字串前後都拼接上 secret，再使用 MD5 的 Hash 演算法進行計算，從而得
到結果
 */
public class Md5SignImpl extends AbstractSign {
    @Override
    protected byte[] handler(String secret, String preSignStr) throws NoSu
chAlgorithmException, UnsupportedEncodingException {
        // 獲取 MD5 演算法
        MessageDigest md5 = MessageDigest.getInstance("MD5");
        // 將字串轉為 byte 陣列後進行簽名計算
        return md5.digest(preSignStr.getBytes("utf-8"));
    }
    @Override
    protected void appendPrefix(StringBuilder preSignStr, String secret) {
        preSignStr.append(secret);
    }
    @Override
    protected void appendSuffix(StringBuilder preSignStr, String secret) {
        preSignStr.append(secret);
    }
}
```

t 範例 6.3 Md5SignImpl 類別

　　HMacSha256SignImpl 是使用 HMac-SHA256 演算法進行簽名的具體實現類別。該類同樣覆蓋了 handler()、appendPrefix() 和 appendSuffix() 三個方法，以實現相關業務。HMacSha256SignImpl 類別的具體程式如範例 6.4 所示。

```
/**
 * HMacSHA256 版本的簽名實現沒有在字串前後拼接任何字元
 * 所以 appendPrefix() 和 appendSuffix() 方法都為空

 */
public class HMacSha256SignImpl extends AbstractSign {
     @Override
    protected byte[] handler(String secret, String preSignStr) throws Unsup
portedEncodingException, NoSuchAlgorithmException,
InvalidKeyException {
        // 將 secret 作為金鑰
        SecretKeySpec secretKey = new SecretKeySpec
(secret.getBytes(),"Hmac-SHA256");
        // 建立 HMac-SHA256 演算法的範例
        Mac sha256HMAC = Mac.getInstance(secretKey.getAlgorithm());
        // 初始化
        sha256HMAC.init(secretKey);
        // 傳回結算結果
        return sha256HMAC.doFinal(preSignStr.getBytes());
    }
     @Override
    protected void appendPrefix(StringBuilder preSignStr, String secret) {
    }
     @Override
    protected void appendSuffix(StringBuilder preSignStr, String secret) {

    }
 }
```

t 範例 6.4　HMacSha256SignImpl 類別

　　這裡對 HMac 演算法進行補充介紹。以 HMac-SHA256 為例，前半部分 HMac 的全稱為 Hash based Message Authentication Code（基於 Hash 演算法的訊息認證碼演算法），而後半部分就是該演算法基於的 Hash 演算法的具體實現，這裡為 Sha256。HMac 相比於以前的 Hash 演算法，最大的改進點就是引入了金鑰。只有相同的金鑰、相同的訊息和相同的 Hash 演算法，才能得到相同的簽名值。其底層其實也是使用對稱加密演算法來加密訊息，使用 Hash 演算法來獲取訊息摘要的。

Md5SignImpl 這種拼接鹽值後，再進行散列的演算法存在被「雜湊長度擴充」攻擊的危險，而 HMac 演算法沒有這樣的問題。所以，很多有條件的場景都會使用 HMac 演算法。

在範例 6.3 中，先將參數轉為字串參數，再將 secret 拼接在字串參數的標頭和尾部，最後使用 MD5 演算法進行簽名。由於 secret 只有開放平臺和第三方應用程式開發者知道，因此兩者可以放心地進行簽名和驗簽操作。但是前面已經說過，這種方法有被「雜湊長度擴充」攻擊的危險，為了降低風險，可以透過增加對拼接後的字串排序的步驟進行一定的規避。改進後的 MD5 簽名演算法實現如範例 6.5 所示。

```
/**
 * MD5 版本的數位簽章演算法實現
 * 該演算法會先在簽名字串前後都拼接上 secret，再使用 MD5 的 Hash 演算法進行計算，從而得
到結果
 */
public class Md5SignImpl extends AbstractSign {
    @Override
    protected byte[] handler(String secret, String preSignStr) throws NoSuchAlgorithmException, UnsupportedEncodingException {
        // 獲取 MD5 演算法
        MessageDigest md5 = MessageDigest.getInstance("MD5");
        // 對 preSignStr 進行排序
        char[] chars = preSignStr.toCharArray();
        Arrays.sort(chars);
        String sortedPreSignStr = String.valueOf(chars);
        // 將字串轉為 byte 陣列後進行簽名計算
        return md5.digest(sortedPreSignStr.getBytes("utf-8"));
    }
    @Override
    protected void appendPrefix(StringBuilder preSignStr, String secret) {
        preSignStr.append(secret);
    }
```

```
    @Override
    protected void appendSuffix(StringBuilder preSignStr, String secret) {
        preSignStr.append(secret);
    }
}
```

t 範例 6.5 改進後的 MD5 簽名演算法

在範例 6.5 中，對最終要簽名的字串進行了自然排序，以有效增加安全性。

針對 calculateSignature() 方法的入參 paramMap 這裡要進行進一步補充。該方法的入參是 Map 類型，是 Java 語言中的頂級介面，但要求入參 paramMap 中的 key 是自然增序的。對於有序的 Map 在 Java 現有的實現類別是 TreeMap，只要將資料放到 TreeMap 中，TreeMap 就會以自然增序的方式排列所有的 key 值，遍歷時也能保持有序性。但這裡沒有限制使用 TreeMap，而是用了 Map，主要是考慮到使用簽名演算法時，可能會自訂 Map 類別或使用其他類型的 Map。實際呼叫簽名時的方法如範例 6.6 所示。

```
public void sign(Map<String, String> param) throws Exception {
    Sign sign = null;
    // 根據參數選擇要使用的簽名方法
    if (HMACSHA256.equalsIgnoreCase(param.get(SIGN_METHOD))) {
        sign = new HMacSha256SignImpl();
    } else if (HMACMD5.equalsIgnoreCase
(param.get(SIGN_METHOD))) {
        sign = new HMacMD5SignImpl();
    } else {
        sign = new Md5SignImpl();
    }
    // 使用 TreeMap 進行排序
    TreeMap<String, String> stringStringTreeMap = new TreeMap<>();
    stringStringTreeMap.putAll(result);
    // 進行簽名
    String signValue = sign.calculateSignature(appSecret,
stringStringTreeMap);
    }
```

t 範例 6.6 簽名範例程式

在範例 6.6 中，先使用 TreeMap 進行排序，再呼叫簽名方法生成簽名。其中，TreeMap 可以替換為自己實現的其他有序的 Map。

為什麼一定要排序呢？

因為只有排序後的結果，才能在所有系統中保持一致。對於像 {key1:value1, key2:value2} 這種類型的資料，在 Java 中一般會使用 Map 的資料結構進行儲存，而在 Python 中會使用 dict 來實現。在排列這種 key-value 的資料結構時，不同語言環境，甚至不同版本，都可能得到不一樣的結果。而將 key 按照自然昇冪排列後的 key-value 字串作為簽名字元後，在任意情況下都能得到一致的簽名結果。

出現不同語言環境和版本的原因是，簽名和驗簽是開放平臺和第三方應用之間的互動，只有第三方應用實現與開放平臺相同的簽名過程，才能進行簽名和驗簽操作。而第三方應用和開放平臺是透過 REST 介面進行互動的。第三方應用使用什麼語言，以及什麼版本的語言，都不受開放平臺限制。

在通常情況下，開放平臺都會提供詳細的簽名文件，供第三方應用程式開發者參考。

對於 {key1:value1,key2:value2} 這樣的參數，假設 secret 為 SECRET，那麼範例 6.3 中最終等待進行簽名的字串為 SECRETkey1value1key2value2SECRET。

6.5　開放平臺簽名實例

【實例一】

在授權碼授權模式下，第三方應用在獲取 code 後，便會使用如範例 6.7 所示的請求存取授權系統來獲取 access_token。

```
https://example.OAuth.com/OAuth 2/access_token?client_id=
##&client_secret=##&code=#& grant_type=authorization_code
```

t 範例 6.7　使用 code 獲取授權資訊請求

在要求簽名的情況下，可以對 client_id、client_secret、code 及 grant_type 這 4 個參數，使用約定的簽名方法進行簽名，並在生成 sign 欄位後存取授權系統。使用帶有簽名的 code 獲取授權資訊請求如範例 6.8 所示。

```
https://example.OAuth.com/OAuth 2/access_token?client_id=
##&client_secret=##&code=#& grant_type=authorization_code&sign=
#SIGN#[&sign_method=#SIGN_METHOD#]
```

t 範例 6.8 使用帶有簽名的 code 獲取授權資訊請求

在範例 6.8 中，sign 參數是簽名的結果；sign_method 為可選參數，如果不填，則會使用開放平臺預設的簽名演算法，如果不使用預設的簽名演算法，則需要在這裡指定所使用的簽名演算法。

授權系統在收到如範例 6.8 所示的請求後，會執行以下操作。

首先會驗證是否有 sign_method 參數。如果有，則獲取對應的簽名方法；如果沒有，則使用預設的簽名方法。

然後使用簽名方法對 client_id、client_secret、code 和 grant_type 進行簽名，並與 sign 參數值進行對比。如果不一致，則驗簽失敗，會直接傳回錯誤給第三方應用。如果驗簽透過，則繼續走後續流程。

在加入簽名資訊後，授權系統在傳回 access_token 時，會傳回如範例 6.9 所示的 access_token 資訊。

```
{
    "access_token":"ACCESS_TOKEN",
    "expires_in":86400,
    "refresh_token":"REFESH_TOKEN",
    "refresh_expires_in":864000,
    "open_id":"OPENID",
    "scope":"SCOPE",
    "token_type":"bearer",
    "sign_method":"md5",
    "sign":"abc123ffbb111134fff..."
}
```

t 範例 6.9 啟用簽名時的授權資訊

在範例 6.9 中增加了 sign_method 和 sign 兩個欄位。

其中，sign_method 和範例 6.8 中的 sign_method 保持一致（如果不傳，則使用預設），這裡為 MD5 演算法。

sign 的值由其他欄位（如 access_token、expires_in、refresh_token、refresh_expires_in、open_id、scope、token_type 和 sign_method）作為參數 key-value 對組，輸入到簽名演算法中計算而得。

這裡的 sign_method 不再是可選欄位，因為作為開放平臺，不能對第三方應用提出任何預設的預期，一切資訊都應該明確，不允許存在不明確性，這樣就會大大降低第三方應用的對接難度。

最後第三方應用在收到 access_token 資訊後，根據 sign_method 獲取簽名方法，對所有傳回結果欄位（如 access_token、expires_in、refresh_token、refresh_expires_in、open_id、scope、token_type 和 sign_method）進行驗簽。如果驗簽不通過，則說明資訊已經被篡改，第三方應用應該進行恰當處理。

以上的例子展示了在獲取 access_token 的流程中，如何使用簽名防止資訊被篡改。在現實中，已經有越來越多的開放平臺在該流程中增加了簽名。不過，在標準的 OAuth 2 中，並沒有對簽名進行強制要求，所以也存在很多沒有使用簽名的開放平臺。

【實例二】

請求 API 閘道的標準請求連結如範例 6.10 所示。其中的 sign 參數是簽名資訊。該連結忽略了簽名方法（sign_method），所以使用的是開放平臺預設的簽名方法。開放平臺的簽名方法列表，以及具體實現細節都會在開放 API 文件中進行詳細介紹，用以指導第三方應用程式開發者進行對接。

```
https://api.example.com/routerjson?access_token=###&client_id=###&
method=###&v=###&sign=###&param_json=###&timestamp=##
```

ℓ 範例 6.10 開放平臺 API 存取範例

【實例三】

開放平臺在使用 Rest 回呼訊息時的請求參數，如範例 6.11 所示。

```
[
{
    "tag":"100",
    "msg_id":"31234597708719700740100000000000159858384768385024416007634 00",
    "data":{
        "p_id":4712345680779753833,
        "s_ids":[
            4712345680779753833
        ],
        "shop_id":3123451,
        "order_status":0,
        "order_type":0,
        "create_time":1598583234,
        "biz":2
    }
},
{
    "tag":"101",
    "msg_id":"31234597708719700740100000000000152342342368385024416007634 11",
    "data":{
        "p_id":4712345680779753833,
        "s_ids":[
            4712345680779753833
        ],
        "shop_id":3123451,
        "order_status":0,
        "order_type":0,
        "create_time":1598583234,
        "biz":2
    }
}
]
```

t 範例 6.11 訊息回呼範例

　　在範例 6.11 中，開放平臺會以陣列形式，將多個訊息以 Rest 請求的方式，回呼給第三方應用所設定的訊息回呼位址。其中，陣列中每一項的 tag 欄位代表訊息類型，msg_id 是訊息唯一 ID，用來保證冪等性，而 data 是具體的訊息內容，不同的 tag（訊息類型）所對應的訊息內容，其結構相互獨立，由自身想要傳遞的訊息內容所決定。

由於訊息體內是所有的訊息陣列，為了更進一步地儲存訊息的純淨度，將簽名及驗簽所需要的資訊儲存在 HTTP 請求標頭中。請求標頭中簽名欄位如範例 6.12 所示。

訊息請求標頭中的欄位	參數類型	參數描述
sign	String	防偽簽名，用來進行驗簽
sign-method	String	本次簽名所使用的簽名方法
client-id	String	第三方應用的唯一標識

t 範例 6.12　訊息回呼請求標頭

其中的 sign 欄位是範例 6.11 的簽名結果。為了避免呼叫次數所帶來的銷耗，開放平臺可能會一次性將多筆訊息，以陣列的方式回呼給第三方應用。在這種情況下，要簽名的內容已經不是 key-value 對，而是一個 JSON 字串，所以要使用範例 6.1 中所定義的以字串為入參的簽名方法。

開放平臺在進行訊息回呼時，首先將範例 6.12 轉為字串，然後使用範例 6.1 中的方法進行簽名，並將簽名值放在訊息請求標頭中（範例 6.12 中的 sign 欄位）。具體使用哪種簽名方法，由第三方應用在進行訊息訂閱時指定。這是因為開放平臺使用該方法進行簽名，第三方應用也需要使用該方法進行驗簽。同時，為了避免歧義，開放平臺在傳回結果中，會在訊息請求標頭中用 sign-method 標識使用的簽名方法。

以範例 6.11 為輸入，並使用 MD5 演算法進行簽名。那麼，要輸入到簽名演算法中的入參字串為 #CLIENT_SECRET#[{"tag":"100","msg_id":"31234597708719700740100000000000015985838476838502441600763400","data":{"p_id":4712345680779753000,"s_ids":[4712345680779753000],"shop_id":3123451,"order_status":0,"order_type":0,"create_time":1598583234,"biz":2}},{"tag":"101","msg_id":"31234597708719700740100000000000015234234236838502441600763411","data":{"p_id":4712345680779753000,"s_ids":[4712345680779753000],"shop_id":3123451,"order_status":0,"order_type":0,"create_time":1598583234,"biz":2}}]#CLIENT_SECRET#。

其中的 #CLIENT_SECRET# 是第三方應用的密碼。第三方應用需要以字串的形式接收範例 6.11 的傳回結果，並使用範例 6.12 中 client-id 欄位所對應的 Client-Secret 充當 #CLIENT_SECRET#。使用範例 6.12 中 sign-method 欄位所指定簽名方法進行簽名驗證。

最後，解釋範例 6.12 中的 client-id 欄位。之所以需要該欄位，主要是因為一個開發者可能會有多個第三方應用，並設定了相同的訊息回呼位址。有了該欄位以後，開發者就能明確回呼訊息所歸屬的第三方應用。

第 7 章

授權資訊

第三方應用無論使用什麼模式進行授權，最終目的都是在獲取授權資訊後，使用授權資訊進行 API 呼叫或訊息監聽，支援相關功能實現。

前文已經介紹了常見的授權資訊格式，因此本章將對授權資訊進行詳細介紹，主要包括常見的隨機字元版本的授權資訊及其替代方案 JWT（Json Web Token），並比較兩者之間的優缺點。

這些討論會穿插授權資訊獲取、授權資訊更新，以及授權資訊取消這些內容，並在此基礎上，進一步探討 scope 許可權在授權系統中的作用。最後介紹開放平臺如何使用 SDK 協助第三方應用簡化授權對接成本。

◀ 7.1 access_token 簡介

access_token 是系統使用者將自己在開放平臺中的資料和能力授權給第三方應用的一種標識。第三方應用透過該標識以使用者的身份來呼叫開放平臺所提供的開放 API。

access_token 有很多實現形式，常見的有隨機字元和 JWT 兩種方案，在後續章節中將對其進行詳細介紹。

第三方應用完全可以將 access_token 當作沒有任何意義的字元，只需在呼叫開放 API 時，在 HTTP 請求中附帶上該參數即可。開放平臺負責處理收到的 access_token，根據自身所實現的 access_token 版本，對 access_token 進行許可權驗證，並解析（獲取）access_token 所對應的資訊。

access_token 在傳輸和儲存的過程中都應該是安全的，原因如下。

（1）能獲取 access_token 的只有第三方應用、授權伺服器（授權系統）和資源伺服器（API 閘道的開放能力），因此這些系統要保障 access_token 在儲存時的安全性。

（2）為了確保 access_token 在傳輸過程中的安全性，所有涉及 access_token 參與的請求，都必須使用 HTTPS 請求，避免 access_token 被駭客攔截。

在授權系統將 access_token 發放給第三方應用時，授權系統需要決定發放給第三方應用的 access_token 的存活時間是多久。

那麼，access_token 到底應該存活多久比較合適呢？很遺憾，與許多電腦工程領域的相關問題一樣，這個問題也沒有「銀彈」，只能根據自身的實際場景，決定使用什麼方案。下面將對不同的方案進行討論。

7.1.1 短生命週期的可更新 access_token

這種方案是較為常用的方案，在前文中授權傳回的授權資訊均為該方案的隨機字元版本。透過 access_token 與 refresh_token 的結合，在大幅上確保了安全性和擴充性。

　　使用這種 access_token 方案的授權系統，在替第三方應用發放 access_token 時，一般會給 access_token 設置幾個小時到幾周的過期時間。

　　同時，伴隨 access_token 的產生也會生成 refresh_token，refresh_token 一般會有一個數倍於 access_token 的過期時間，或沒有過期時間。

　　access_token 過期後，第三方應用使用 refresh_token 獲取新的 access_token。該過程被稱為更新 access_token。

　　更新 access_token 的可選方案有很多。比如，在更新 access_token 時，access_token 不變，而是延長 access_token 的過期時間；或在更新 access_token 時，直接生成新的 access_token。相關內容在 3.1 節中有討論，這裡不再贅述。

　　使用這種方案最大的好處是，可以使用自編碼的 access_token，如 JWT。使用這種自編碼的 access_token 的最大好處就是，授權系統完全不需要儲存任何與 access_token 有關的資訊，就可以完成 access_token 驗證，並獲取相關授權資訊。

　　不過，這種自編碼的 access_token 的缺點是，無法主動使一個已經發放給第三方應用的 access_token 失效。但是，如果使用了自編碼的 access_token，並給 access_token 非常短的過期時間，則第三方應用需要頻繁地進行 access_token 更新，以保障 access_token 可用。這就使得授權系統在更新 access_token 的過程中，可以拒絕生成新的 access_token，從而達到取消授權的目的。

　　站在第三方應用程式開發者的角度，進行 access_token 更新，通常是一件無聊透頂的事情，也是沒有意義的負擔。第三方應用程式開發者都希望 access_token 永遠不會過期，這樣就能減少很多更新 access_token 相關功能的開發。為了能減輕開發者的負擔，開放平臺一般會在 SDK 中提供管理 access_token 的相關功能。在 SDK 相關章節會進行詳細介紹。

　　使用該方案需要具備以下條件。

- 想要使用自編碼的 access_token。
- 想要減少 access_token 被洩露後的風險。
- 開放平臺已經提供了良好的 SDK，用來管理 access_token 的生命週期，更新 access_token 的邏輯對於第三方應用完全透明。

7.1.2 短生命週期的無更新 access_token

如果授權系統希望使用者能感知到第三方應用在使用他的帳戶許可權，那麼授權系統可以分配給第三方應用生命週期較短且沒有 refresh_token 的授權資訊。

在這種模式下，access_token 的有效期一般為數周到數月。當 access_token 失效後，第三方應用只能重新發起授權流程來引導使用者授權。

這種方案並沒有提供 refresh_token，因此第三方應用無法在缺少使用者持續參與的情況下，長期進行相關開放能力呼叫。

這種方案所產生的 access_token 適用於那些所有請求都由使用者發起的第三方應用。當第三方應用中存在如定時從平臺中拉取資料這種背景定時任務時，由於 access_token 過期後無法通知使用者進行重新授權，因此這種第三方應用不適合該授權方案。

使用該方案需要具備以下條件。

- 想要盡量減少 access_token 洩露給開放平臺帶來的危害。
- 想要強制使用者感知到第三方應用一直在使用他的授權資訊呼叫開放能力。
- 想要第三方應用沒有透過背景功能呼叫開放平臺所開放的相關能力，所有操作必須由使用者主動發起。

7.1.3 永不過期的 access_token

永遠不會過期的 access_token，對第三方應用程式開發者來說簡直是一個福音，但是作為開放平臺，提供這種 access_token 方案時，最好仔細考慮一下要付出什麼樣的代價，能得到什麼樣的好處。

開放平臺付出的代價有很多，這裡列舉兩個成本最高的代價。

一個是，這種方案中只能使用隨機字元類型的 access_token，不能使用自編碼類型的 access_token。其原因是，自編碼的 access_token 的所有資訊都在 access_token 中儲存，授權系統只有驗證其合法性的能力，沒有主動將其設置為無效的能力，而隨機字元類型的 access_token 會在授權系統中儲存資訊，授權系統有能力將其設置為無效。

另一個是，這種方案安全風險巨大。由於 access_token 永不過期，一旦 access_token 洩露，駭客便可以長期使用該 access_token 竊取資料，直到使用者發覺異常並人為干預。

付出如此的代價，能帶來什麼好處呢？

最明顯的好處是，使用永不過期的 access_token 方案，第三方應用不用維護 access_token 的生命週期，也不用進行 access_token 的更新操作，對接成本降低。

透過簡單的對應可以看到這種方案風險極大，而收益是極小的，所以在實際生產中這種方案並不推薦使用。

但是這種方案在第三方應用進行偵錯時可以發揮巨大的作用。

在每個第三方應用建立時，都可以為該第三方應用生成一個或多個由測試帳號所授權的，永不過期的 access_token。有了這批 access_token，第三方應用程式開發者就可以先跳過授權流程對接，而對一些感興趣的開放能力進行偵錯或試用了。所以，開放平臺一般會提供一個專用於測試的環境，該環境中的 access_token 都永不過期。

使用該方案需要具備以下條件。

- 有完整的取消授權機制。
- access_token 洩露後並不會有很大的風險。
- 為第三方應用程式開發者減輕負擔。
- 想要第三方應用在背景呼叫開放平臺所開放的能力。

目前，在 OAuth 2 中，最流行的 access_token 實現方案是 bearer 版本的 access_token。

bearer 版本的 access_token 就是一串沒有任何意義的字元，更準確地說是一種對第三方應用沒有任何意義的字元。

下面將介紹 bearer 的兩種實現方案，即隨機字元實現和 JWT 實現。

7.2 隨機字元實現

我們在 3.1 節中已經接觸過 access_token，基於前文的相關知識，我們現在可以確定 3.1 節中的 access_token 具有以下特徵。

- access_token 基於隨機字元。
- access_token 是短生命週期的可更新 access_token。
- access_token 是 bear 版本。

下面將進一步對隨機字元所實現的各種生命週期的 bear 版 access_token 進行討論。

7.2.1 短生命週期的可更新 access_token

當授權系統收到第三方應用所發送的獲取 access_token 請求後，授權系統會查詢是否已經存在授權關係。如果存在，則直接傳回已有授權資訊；如果不存在授權關係，則授權系統會構造如範例 7.1 所示的資料結構並填充相關內容。

```
{
    "clientId":"CLIENT_ID",
    "clientSecret":"CLIENT_SECRET",
    "authPackages":"PACK1,PACK2,PACK3,PACK4",
    "accessToken":"ACCESS_TOKEN",
    "expiresIn":86400,
    "expireTime":1663603199787,
    "refreshToken":"REFESH_TOKEN",
    "refreshExpiresIn":864000,
    "refreshExpireTime":1663609199787,
    "openId":"OPEN_ID",
    "userId":"USER_ID"
}
```

t 範例 7.1 授權系統儲存的授權資訊範例

範例 7.1 中各欄位含義如下。

（1）clientId 和 clientSecret 欄位。

在任意授權模式下，第三方應用都會以參數的形式將 ClientID 和 ClientSecret

傳遞給授權系統，從而使授權系統能驗證第三方應用的身份。所以，clientId 和 clientSecret 欄位可以直接從請求參數中獲取。

（2）authPackages 欄位。

在大多數授權模式中，第三方應用都會傳遞 scope 參數，指定需要使用者授權的範圍。那些沒有指定 scope 參數的授權模式，則要求使用者將自己的所有權限授權給第三方應用。

因此，在所有授權模式下，授權系統都能獲取第三方應用所申請的許可權套件列表（scope 許可權與許可權套件之間的關係會在後續章節中進行探討）。

同時，第三方應用建立後，授權系統會預設賦值給第三方應用一些許可權套件，第三方應用也會申請一些許可權套件或購買一些許可權套件（有很多開放能力都會收費），這些許可權套件代表著第三方應用能呼叫的開放能力。

授權系統在收到授權請求後，將 scope 參數所對應的許可權套件列表，與第三方應用所擁有的許可權套件列表取交集，並將列表中的所有項用「，」連接成字串，從而得到 authPackages 欄位。

後續進行鑑權操作時，會使用 authPackages 欄位。

（3）accessToken 欄位。

accessToken 欄位所對應的值就是 access_token，是使用者對第三方應用的唯一授權標識。第三方應用可以透過 access_token，以使用者的身份呼叫開放平臺的開放能力。在該方案中，access_token 是一個隨機字元，常用的隨機字元是 UUID。UUID 在前文中有相關介紹，這裡不再贅述。

（4）expiresIn 和 expireTime 欄位。

expiresIn 欄位表示 access_token 的有效期，以秒為單位，授權系統會根據系統實際設定來設置該值。expireTime 欄位是 access_token 的失效時間戳記，其值為生成 access_token 時的時間戳記加上 expiresIn×1000。這兩個欄位的作用，會在後續內容中進行討論。

（5）refreshToken 欄位。

refreshToken 欄位所對應的值就是 refresh_token，用來支援第三方應用更新授權資訊。當 access_token 快要過期或已經過期時，第三方應用會使用 refresh_token 更新授權資訊的有效期。在 3.1 節中，對更新授權資訊已經進行過簡單介紹，在後文中會進行詳細討論。

（6）refreshExpiresIn 和 refreshExpireTime 欄位。

refreshExpiresIn 欄位表示 refresh_token 的有效期，以秒為單位，授權系統會根據系統實際設定設置該值。refreshExpireTime 欄位是 refresh_token 的失效時間戳記，其值為生成 access_token 時的時間戳記加上 refreshExpiresIn×1000。這兩個欄位的作用，會在後續內容中進行討論。

（7）openId 欄位和 userId 欄位。

使用者對第三方應用授權後，第三方應用需要獲取使用者在第三方應用中的唯一標識，以完成使用者資訊維護。所以，授權系統會使用前文中生成 OpenID 的方法，將 userId 欄位所對應的值轉為 OpenID，並填充到 openId 欄位中。在授權資訊中儲存 openId 欄位，主要是為了第三方應用重複請求獲取 access_token 和更新 access_token 時，不需要再次生成 OpenID，減輕系統負擔。

userId 欄位是使用者在系統內部的唯一標識，無論使用什麼方式授權，使用者都需要在授權系統所在系統系統中登入。授權系統從登入態中獲取 UserID，並填充到 userId 欄位中。該欄位的作用是，方便系統內部透過 access_token 尋找對應的使用者資訊。如果沒有該欄位也是可以的，只是授權系統需要透過 openId 欄位和 clientId 欄位推導出 UserID，會加重系統負擔。

在構造完成範例 7.1 中的資料後，授權系統會對該資料進行持久化，用來支撐後續的鑑權工作。在前面關於授權碼授權模式的章節中，介紹了將範例 7.1 中的資料儲存在記憶體中資料庫的方式，這裡進行一個簡單回顧。

以 access_token 為 key，範例 7.1 中的資料為 value，並將資料的過期時間設置為範例 7.1 中的 expiresIn，儲存到記憶體中資料庫中。

有了這筆資料，在進行鑑權時，授權系統在拿到 ClientID 和 access_token 後，使用 access_token，到記憶體中資料庫中查詢 access_token 資訊。

如果沒有查到，則證明沒有授權或授權已經失效，傳回無效的 access_token
提示訊息。

如果查到範例 7.1 中的資料，則驗證 clientId 欄位所對應的值是否與 ClientID
相同。如果一致，則證明是有效的 access_token，否則說明該授權資訊並不屬於
發起請求的第三方應用，傳回無效的 access_token 提示訊息。隨機字元授權資訊
驗證流程如圖 7-1 所示。

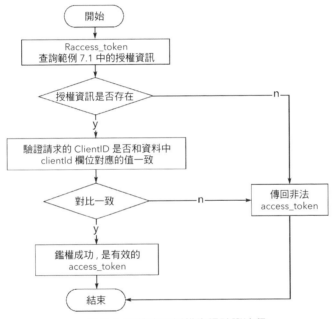

▲ 圖 7-1 隨機字元授權資訊驗證流程

以 refresh_token 為 key，範例 7.1 中的資料為 value，並將資料的過期時間設
置為範例 7.1 中的 refreshExpiresIn，儲存到記憶體中資料庫中。這筆資料用來支
撐 access_token 更新操作。

access_token 的更新方式有很多種，在前面提到 refresh_token 時，進行了簡介。
這裡以一種比較簡單的更新方式，描述如何進行 access_token 更新。

這種更新方式具體內容如下。

如果在 access_token 更新時，access_token 還沒有過期，則延長 access_token

的有效時間，而不修改 access_token。

　　如果在更新時，第三方應用指定強制更新，則會將當前的 access_token 過期時間設置為很短的時間，如 2 分鐘。此時，將生成一個新的 access_token。

　　強制更新為第三方應用提供一種應對 access_token 洩露的能力。選擇將現有 access_token 設置為一個非常短的過期時間，而非直接刪除，其目的是不影響第三方應用現有任務的執行，即在新、舊版本的 access_token 交替時，一些使用舊版本 access_token 的請求依然可以成功執行。

　　如果在更新 access_token 時，當前 access_token 已經失效，則直接生成新的 access_token 即可。授權資訊更新流程如圖 7-2 所示。

　　有了明確的更新方式後，授權系統在收到 access_token 更新請求時，可以獲取 ClientID 和 refresh_token 兩個參數。

　　首先授權系統根據 refresh_token，到記憶體中資料庫中查詢範例 7.1 中的資料是否存在，如果不存在，則證明 refresh_token 無效，或 refresh_token 已經失效，並傳回無效的 refresh_token 提示訊息。

　　如果能查詢到範例 7.1 中的資料，則驗證獲取資料中的 clientId 欄位所對應的值，是否與 ClientID 相同。如果相同，則證明是有效的 refresh_token，使用系統指定的方式進行 access_token 更新，否則說明 refresh_token 不屬於當前發起請求的第三方應用，傳回無效 refresh_token 提示訊息。授權資訊更新流程如圖 7-3 所示。

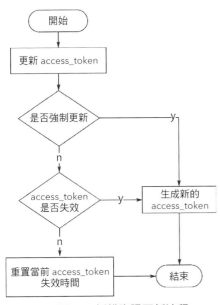

▲ 圖 7-2 授權資訊更新流程 1

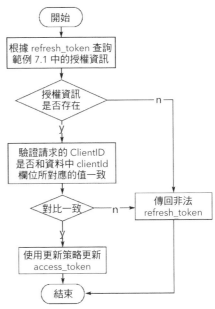

▲ 圖 7-3 授權資訊更新流程 2

注意

更新 access_token 時，會更新 refresh_token 過期時間。

在以上方案中，expiresIn、expireTime、refreshExpiresIn 和 refreshExpireTime 並沒有造成任何作用，直接透過記憶體中資料庫的過期機制，就能解決驗證 access_token 和 refresh_token 是否已經過期的問題。但是，在使用其他儲存方案時，這些時間欄位就會發揮作用。

舉例來說，將範例 7.1 所對應的資料儲存在關聯式資料庫（如 MySQL）中時，進行鑑權和 access_token 更新的流程中就會用到 expiresIn、expireTime、refreshExpiresIn 和 refreshExpireTime。

具體流程如下。

同樣在進行鑑權時，授權系統會拿到 ClientID 和 access_token，並使用 ClientID 和 access_token 到範例 7.1 所對應的資料表中查詢 access_token 資訊。

如果沒有查詢到對應資訊，則證明沒有授權或授權已經失效（背景執行緒定期清理超過 refreshExpireTime 的 access_token 資訊），傳回無效的 access_token 提示訊息。

如果查詢到範例 7.1 中的資料，則對比 expireTime 是否大於當前時間戳記。如果大於當前時間戳記，則鑑權成功；反之，則說明對應的 access_token 資訊已經過期，傳回無效的 access_token 提示訊息。

在使用這種鑑權方案時，為了提高系統回應速度，可以增加中間快取層，即以 access_token 拼接 ClientID 後的字串為 key，範例 7.1 中的資料為 value 快取，並且快取時間要小於 expireTime。

基於資料庫儲存授權資訊的鑑權流程如圖 7-4 所示，其中從快取中讀取授權資訊的過程是為了性能最佳化，可以省略。

同樣，在基於關聯式資料庫儲存範例 7.1 中的 access_token 資訊時，授權系統在收到更新 access_token 資訊的請求時，會從參數中獲取 ClientID 和 refresh_token。授權系統到範例 7.1 所對應的資料表中，查詢相應欄位與 ClientID 和 refresh_token 一致，且 refreshExpireTime 大於當前時間戳記的 access_token 資訊。

如果對應資訊不存在，則證明 refresh_token 不存在，或不屬於發出請求的第三方應用，也或已經過期，傳回無效的 refresh_token 提示訊息。

如果對應資訊存在，則證明 refresh_token 有效，需要按照 access_token 更新策略更新 access_token。按照前文提到的更新策略，如果 access_token 還沒有過期，則直接更新資料庫中的 expiresIn 和 refreshExpiresIn 為最新過期時間即可；如果 access_token 已經過期，則生成新的 access_token 資訊，並插入資料庫資料表中。而以前過期的 access_token 資訊，則由背景執行緒定時清理。基於資料庫儲存授權資訊的更新授權資訊流程如圖 7-5 所示。

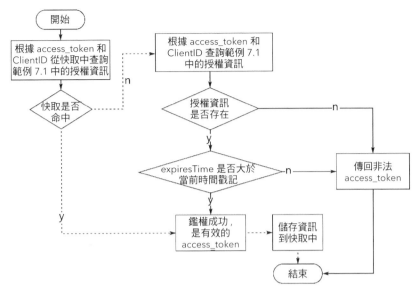

▲ 圖 7-4　基於資料庫儲存授權資訊的鑑權流程（快取部分是可選的，用虛線表示）

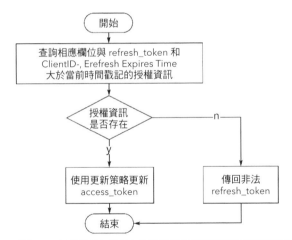

▲ 圖 7-5　基於資料庫儲存授權資訊時更新授權資訊流程

7.2.2　短生命週期的無更新 access_token

　　該方案是上一方案的簡化版，該方案在上一方案的基礎上，刪除了 refresh_token 的相關功能。

授權系統在收到獲取 access_token 請求時，如果不存在有效 access_token 資訊，則建立如範例 7.2 所示的授權資訊。如果已經存在範例 7.2 中的有效 access_token 資訊，則傳回以後的授權資訊。

```
{
    "clientId":"CLIENT_ID",
    "clientSecret":"CLIENT_SECRET",
    "authPackages":"PACK1,PACK2,PACK3,PACK4",
    "accessToken":"ACCESS_TOKEN",
    "expiresIn":86400,
    "expireTime":1663603199787,
    "openId":"OPEN_ID",
    "userId":"USER_ID"
}
```

t 範例 7.2 無更新機制時授權系統儲存的授權資訊

範例 7.2 中相關欄位與上一方案中完全相同，這裡不再贅述。主要關注點是，由於授權系統不需要更新 access_token 資訊，因此在範例 7.2 中沒有再出現 refreshToken、refreshExpiresIn 和 refreshExpireTime 這 3 個欄位。

在構造完成範例 7.2 中的資料後，授權系統會對該資料進行持久化，用來支撐後續的鑑權工作。授權資訊儲存在資料庫中的鑑權流程，相對於上一方案沒有發生變化，所以這裡重點介紹授權資訊儲存到記憶體中資料庫時的鑑權流程。

該方案直接以 access_token 為 key，範例 7.2 中的資料為 value，將資料的過期時間設置為範例 7.2 中的 expiresIn，並儲存到記憶體中資料庫中。

在進行鑑權時，授權系統會拿到 ClientID 和 access_token，可以使用 access_token 到記憶體中資料庫中查詢 access_token 資訊。

如果沒有查到對應資訊，則證明沒有授權或授權已經失效，傳回無效的 access_token 提示訊息。

如果查到範例 7.2 中的資料，則進一步驗證 clientId 欄位所對應的值是否與 ClientID 相同。如果相同，則證明是有效的 access_token，否則說明該授權資訊並不屬於發起請求的第三方應用，傳回無效的 access_token 提示訊息。

相比於上一個方案，這裡不再以 refresh_token 為 key，以範例 7.2 中的資料為 value，進行資訊儲存。

由於該方案不再支援授權資訊更新，因此第三方應用在收到無效 access_token 時，只能想辦法提醒使用者重新進行授權。

同理，授權系統傳回給第三方應用的用戶端版本的授權資訊也簡化成了如範例 7.3 所示的內容。

```
{
    "access_token":"ACCESS_TOKEN",
    "expires_in":86400,
    "open_id":"OPENID",
    "scope":"SCOPE",
    "token_type":"bearer"
}
```

t 範例 7.3 無更新機制時第三方應用收到的授權資訊

範例 7.3 相比於上兩個方案中的授權資訊，刪除了 refresh_token 和 refresh_expires_in 欄位。第三方應用不需要再考慮更新 access_token 操作所帶來的煩惱，只需儲存範例 7.3 中的授權資訊，並在呼叫開放能力時使用即可。在 access_token 過期後，讓使用者重新授權。

7.2.3 永不過期的 access_token

該方案可以稱為最簡方案，對於開放平臺和第三方應用，都只有複雜度很低的技術。

在該方案中，授權系統在收到獲取 access_token 請求時，如果不存在有效 access_token 資訊，則建立如範例 7.4 所示的授權資訊；如果存在範例 7.4 中的 access_token 資訊，則直接傳回。

```
{
    "clientId":"CLIENT_ID",
    "clientSecret":"CLIENT_SECRET",
    "authPackages":"PACK1,PACK2,PACK3,PACK4",
    "accessToken":"ACCESS_TOKEN",
```

```
        "openId":"OPEN_ID",
        "userId":"USER_ID"
}
```

t 範例 7.4 授權資訊永不過期時授權系統儲存的授權資訊

在構造完成範例 7.4 中的資料後，授權系統會對該資料進行持久化，用來支撐後續的鑑權工作。在如範例 7.4 所示的資料中，又進一步刪除了 access_token 過期相關的兩個欄位，即 expiresIn 和 expireTime。

當將範例 7.4 中的資料儲存在記憶體中資料庫中時，直接以 access_token 為 key，以範例 7.4 中的資料為 value，將資料設置為永不過期後儲存即可。

在進行鑑權時，授權系統會拿到 ClientID 和 access_token，可以使用 access_token 到記憶體中資料庫中查詢 access_token 資訊。

如果沒有查到對應資訊，則證明沒有授權，傳回無效的 access_token 提示訊息。

如果查到範例 7.4 中的資料，則驗證 clientId 欄位所對應的值是否與 ClientID 相同。如果相同，則證明是有效的 access_token，否則說明該授權資訊並不屬於請求的第三方應用，傳回無效的 access_token 提示訊息。

由於 access_token 資訊永不過期，因此該方案中不需要考慮對更新 access_token 相關功能的支援。

當將範例 7.4 中的資料儲存在關聯式資料庫中時，授權系統在收到鑑權請求後，會拿到 ClientID 和 access_token，並使用 ClientID 和 access_token 到資料庫中查詢對應的授權資訊。

如果存在授權資訊，則鑑權成功，將資訊儲存到快取中。

如果不存在對應的授權資訊，則說明授權資訊不存在，或授權資訊不屬於發起請求的第三方應用，傳回無效的 access_token 提示訊息。授權資訊永不過期時的鑑權流程如圖 7-6 所示。

在圖 7-6 中，因為 access_token 永遠不會過期，所以不需要再進行 access_

token 有效期驗證的相關操作。圖中從快取中獲取授權資訊的流程是為了性能最佳化，可以省略。

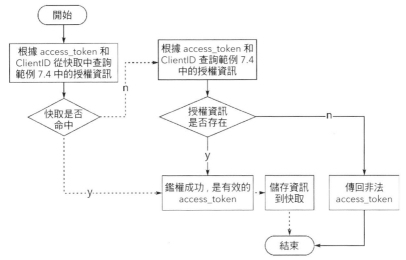

▲ 圖 7-6　授權資訊永不過期時的鑑權流程

7.2.4　基於隨機字元的 access_token 方案總結

前面 3 個小節中，對 3 種生命週期的 access_token 所對應的隨機字元實現方案，進行了相關介紹。這 3 種方案中，使用範圍最廣、實現最多的是 7.2.1 節中的方案。

其原因是，雖然該方案在技術實現上比較複雜，但是能帶來很多好處。並且，開放平臺和第三方應用程式開發一般都是由專業的軟體開發工程師完成，這點技術難度和帶來的好處相比就真的不值一提了。

不過其他兩種方案，也可以在實際工作中根據自身場景酌情使用。

雖然 7.2.2 節中的方案會頻繁依賴使用者進行主動授權，但是在請求均由使用者發起的主動操作場景中，這種方案再適合不過了。

雖然 7.2.3 節中的方案看似非常不安全，給人的感覺就像 access_token 洩露後就會萬劫不復一樣，但是該方案十分簡單明瞭，對接成本也非常低。最重要的是，在隨機字元實現的 access_token 版本中，將授權資訊儲存在了服務端，能提供主動取消授權，並且具有立即生效的能力，所以在某種程度上也是安全的，就像使用者遺失了密碼，及時修改也能有效止損。

下面對開放平臺提供的取消授權能力進行簡單介紹。

在 access_token 洩露，或使用者與第三方應用取消某種合作的情況下，使用者透過主動取消授權來禁止第三方應用以自己的身份呼叫開放平臺的開放能力。

為了能支援該業務，授權系統會在使用者的個人中心，提供給使用者授權管理功能。透過該功能，使用者可以查詢自己已經給哪些第三方應用授權，授權的時間長度是多久，以及具體授權了哪些許可權給第三方應用。在此基礎上，使用者可以指定取消某個特定的授權。

如果基於記憶體中資料庫儲存授權資訊，則可以將資料雙重寫到 Elasticsearch 中，提供給使用者相關資料檢索能力。使用者在檢索到資料並確定取消某項授權後，授權系統在記憶體中資料庫中分別刪除以 access_token 和 refresh_token 為 key 的授權資訊，並且透過雙重寫入機制，將 Elasticsearch 中異質的資料修改為無效狀態。

如果基於關聯式資料庫儲存授權資訊，則完全可以基於資料庫的 CRUD 操作，完成相關查詢和取消授權功能。但是，如果在使用者量很大的情況下，為了能加快使用者查詢和檢索的速度，也可以同樣將資料異質到 Elasticsearch 中。

7.2.5 隨機字元方案的缺陷及防禦

下面將討論隨機字元的相關問題。在上面的內容中，提到 access_token 和 refresh_token 欄位都是基於 UUID 生成的。這種方案所生成的 access_token 和 refresh_token 的優勢是全域唯一，並且不包含任何實際含義。但是，使用該方案也會導致授權系統需要做很多防禦措施，以防止惡意請求的攻擊。

之所以會有被惡意攻擊的風險，是因為生成一個 UUID 的成本很低，所以惡意使用者可以在竊取了其他第三方應用的 ClientID 後，隨機生成 UUID 存取開放平臺的開放能力。開放平臺在收到這種惡意請求後，需要存取某種儲存系統（記憶體中資料庫或關聯式資料庫）驗證 access_token 的有效性。在完全使用記憶體中資料庫的場景下，會產生大量的 I/O 請求，加重系統的負擔。如果使用關聯式資料庫，則這種攻擊會在造成快取擊穿（如果有的話）後，使大量請求直接湧入資料庫，造成資料庫崩潰，最終整個系統就隨之崩潰了。

面對這種情況，如果已經使用了記憶體中資料庫，則基本沒有什麼防禦措施，只能硬抗。如果使用的是傳統的關聯式資料庫，則可以快取不存在的 access_token，並將 value 設為空。當再次收到相同的不存在的 access_token 惡意請求時，就可以使用記憶體來抗量，避免對資料庫造成影響。但是，access_token 生成成本很低，基本不會出現重複的 access_token，因此這種防禦措施也就無效了。

下面介紹兩種改進方案，分別為 List-Hash-Set 和布隆篩檢程式。這兩種方案的實質也是使用記憶體中資料庫應對大量無效請求，只是相比於前面快取不存在的 access_token 方案，這兩種方案都是直接快取已經存在的 access_token。

當然如果有條件，則可以直接切換到純記憶體中資料庫，因為純記憶體中資料庫也是一種快取所有已經存在的 access_token 的解決方案。

下面直接使用 Redis 作為記憶體中資料庫，介紹 List-Hash-Set 和布隆篩檢程式方案。

1．基於 List-Hash-Set 進行防禦

List-Hash-Set 方案的原理很簡單，在 Redis 快取中建立一個固定長度的列表，並初始化該列表中的每一個值為一個 UUID（每個列表值都重新生成，也就是這個列表中的值各不相同）。因為在 Redis 中，所有的資料儲存都是 key-value 形式，所以設置該列表的 key 為 TOKENS。在以後使用時，就直接使用 TOKENS 在 Redis 快取中定位該列表。遍歷 TOKENS 列表中的所有 UUID，以 UUID 為 key，在 Redis 快取中建立一個空的 Set，後續該 Set 將用來儲存 access_token 和 refresh_token。

串列和 Set 資料結構都是 Redis 預設支援的功能，這裡不再詳細介紹，感興趣的讀者可以參考 Redis 官網學習相關知識。

在經過上述步驟建構後，會得到如圖 7-7 所示的 List-Hash-Set 資料結構。在此資料結構的基礎上使用以下方式進行防禦。

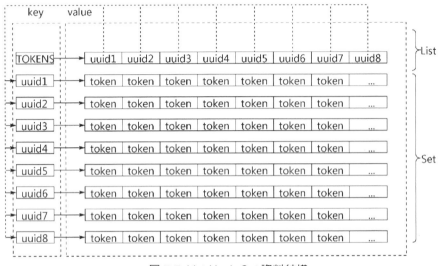

▲ 圖 7-7 List-Hash-Set 資料結構

首先 TOKENS 列表一旦建立，就不會再進行修改。也就是說，TOKENS 列表的長度和其中的 UUID 元素都已經固定，同時對應的 Set 資料結構的數量也是固定的。

在此前提下，假設 TOKENS 列表的長度為 LEN，授權系統在生成 access_token 和 refresh_token（以下簡稱 token）時，會根據公式 7.1 計算 token 要存放在哪個 Set 中。

$$Hash(token) \% LEN \qquad （公式 7.1）$$

在公式 7.1 中，Hash 函數會計算 token 的 Hash 值，並轉為整數。

假設透過公式 7.1 計算出的下標對應於 uuid6，那麼將 token 儲存到 uuid6 所對應的 Set 中。

同時，授權系統需要定時監控 access_token 過期資訊，在監控到某個 access_token 過期後，使用公式 7.1 找到對應的 Set，將無效的 access_token 所對應的 access_token 和 refresh_token 進行移除。

注意
使用者主動取消授權和因更新 access_token 而導致 access_token 無效的情況均需要進行監控。

　　最後說明該方案在具體防禦中的應用。當授權系統收到鑑權，或更新 access_token 操作後，首先根據公式 7.1 計算得到相應的 Set，然後在該 Set 中尋找對應的 token 資訊。如果 token 資訊存在，則證明是合法的請求，可以按照流程執行後續操作；如果 token 資訊不存在，則證明是惡意請求，直接傳回無效的 token 提示即可。

2‧基於布隆篩檢程式進行防禦

　　布隆篩檢程式（Bloom Filter）由布隆在 1970 年提出，主要用來判斷一個元素，是否已經存在於某個集合中。

　　其基本原理是，將要判斷的元素經過 n 個 Hash 函數計算後，得到 n 個下標，使用這 n 個下標在長度為 m（所有計算的下標一定在 m 的範圍內）的二進位數字組中，確定對應的 bit 是否都為 1。

　　如果對應的 bit 都為 1，則元素可能存在，否則元素一定不存在（需要注意的是，這裡的用詞「可能存在」和「一定不存在」）。

　　插入元素時，直接將 n 個下標對應的 bit 設置為 1 即可。

　　布隆篩檢程式無法刪除元素。

　　布隆篩檢程式基本原理如圖 7-8 所示。

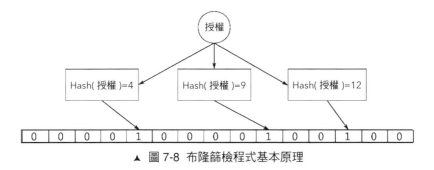

▲ 圖 7-8　布隆篩檢程式基本原理

在圖 7-8 中輸入「授權」以後，分別使用 3 個 Hash 函數計算其 Hash 值，從而得到 4、9 和 12。最後，將對應的 bit 更新為 1。

當在圖 7-8 中查詢「授權」是否存在時，同樣使用 3 個 Hash 函數計算其 Hash 值，其結果分別為 4、9 和 12，驗證對應的 bit 是否都為 1。

布隆篩檢程式的優點是，使用少量的儲存空間，就能對大量資料是否存在的問題進行判斷。其缺點是，無法刪除元素，以及在判定某個元素是否存在時，布隆篩檢程式只能舉出「可能」答案，到底是否存在，需要進一步確認。

這裡不對布隆篩檢程式相關細節進行深入探討，有興趣的讀者可以自己學習。這裡使用 Redis 提供的布隆篩檢程式功能，進行後續內容講解。

在 Redis 4.0 之後，Redis 提供了外掛程式功能，並透過外掛程式功能，實現了布隆篩檢程式能力。在 Redis 4.0 之前，布隆篩檢程式主要基於 Redis 提供的 BitMap 資料結構來實現，比較知名的 Redis 擴充用戶端 Redisson，已經提供了相關實現，可以直接使用。

這裡重點選擇 Redisson 實現介紹，對於 Redis 附帶的布隆篩檢程式只進行簡單介紹。

首先透過命令列的方式介紹 Redis 4.0 之後 Redis 附帶的布隆篩檢程式實現。

```
>bf.reserve myfilter 0.0001 1000000
```

bf.reserve 命令用來建立布隆篩檢程式。此處該命令建立了一個名為 myfilter 的布隆篩檢程式，期望的誤判率為 0.0001，容量為 1000000。

錯誤率和容量是建立布隆篩檢程式時的兩個關鍵參數，演算法會根據這兩個參數，生成對應數量的 Hash 函數來儘量滿足這兩個參數的要求。

```
>bf.add myfilter test
```

bf.add 命令用來向布隆篩檢程式中增加元素。此處該命令向 myfilter 這個布隆篩檢程式中增加一個 test 元素。

```
>bf.exists myfilter test
```

　　bf.exists 命令用來查詢某個元素是否存在。此處該命令向 myfilter 這個布隆篩檢程式查詢 test 元素是否存在。

　　Redis 4.0 附帶的布隆篩檢程式使用起來比較簡單，這裡就不對 Java 用戶端使用方式進行進一步演示。下面使用 Java 用戶端演示 Redisson 對布隆篩檢程式的使用。

　　詳細程式如範例 7.5 所示。

```java
public static void main(String[] args) {
  Config config = new Config();
  config.useSingleServer().setAddress("redis://192.168.14.104:6379");
  config.useSingleServer().setPassword("123");
  // 構造 Redisson
  RedissonClient redisson = Redisson.create(config);

  RBloomFilter<String> bloomFilter =
            redisson.getBloomFilter("myfilter");
  // 初始化布隆篩檢程式：預計元素為 100000000L，誤差率為 3%
  bloomFilter.tryInit(100000000L, 0.03);
  // 將號碼 10086 增加到布隆篩檢程式中
  bloomFilter.add("test");

  // 判斷下面號碼是否在布隆篩檢程式中
  System.out.println(bloomFilter.contains("123456"));//false
  System.out.println(bloomFilter.contains("test"));//true
}
```

t 範例 7.5 Redisson 提供的布隆篩檢程式使用程式範例

　　在了解了布隆篩檢程式的相關知識後，下面將介紹如何使用布隆篩檢程式進行 token 惡意攻擊的防禦。

　　首先，授權系統在生成新的 access_token 和 refresh_token 時，將相應值記錄到布隆篩檢程式中。

　　然後，授權系統在收到鑑權請求，或使用 refresh_token 進行 access_token 更新請求時，需要查詢布隆篩檢程式中是否有相應資料，如果布隆篩檢程式判斷資料存在，則進行後續流程，從儲存 token 資訊的資料庫中，進一步確認收到的

token 資訊是否有效；如果布隆篩檢程式判斷資料不存在，則說明資料一定不存在，直接傳回無效的 token 提示訊息即可。之所以能如此肯定，是因為布隆篩檢程式的誤判值，僅存在對資料存在情況的判斷。

布隆篩檢程式在過濾 token 惡意請求時存在一個缺陷，即 token 資訊過期後，布隆篩檢程式無法刪除相應資料。因此，授權系統需要定期更換新的布隆篩檢程式。

大致流程為，監控 token 過期數量，當 token 過期數量超過設定值後，開啟新布隆篩檢程式雙重寫入。並透過背景執行緒，在開啟雙重寫入時間點前，將所有的有效 token 資訊寫入新布隆篩檢程式中，寫入完後切換到新布隆篩檢程式中。

3‧基於特殊形式的 token 進行防禦

List-Hash-Set 和布隆篩檢程式方案，均基於記憶體能快速回應的特點，對 token 惡意請求進行防禦。但是在巨大的攻擊壓力下，對系統的記憶體中資料庫依然是嚴峻的考驗。那麼有沒有不使用儲存媒體，進一步提升對 token 惡意請求進行防禦的辦法呢？應該存在很多有效的方法，下面介紹一種使用特殊形式的 token 來解決相關問題的方法。

在開放平臺中，access_token 和 refresh_token 屬於第三方應用，所有使用 token 的呼叫，都由第三方應用發起。這表示，在所有的 access_token 和 refresh_token 出現時，一定會伴隨著 ClientID。如果透過 ClientID 作為限制域，則 access_token 和 refresh_token 只需在第三方應用下唯一即可。

更進一步地，規定 ClientID 也使用 UUID 生成，且在生成 ClientID 時，限制 ClientID 中出現的不重複字元數都必須大於 4。也就是說，每次生成一個 UUID 後，檢查該 UUID 中不重複的字元數是否都大於 4，如果小於或等於 4，則繼續生成，直到滿足要求為止。ClientID 生成流程如圖 7-9 所示。

有了這種形式的 ClientID 後，可以在基於 UUID 生成 token 時做一些變化，具體流程如下。

首先依然生成 UUID，但此時不會將 UUID 直接作為 token，而是需要將 UUID 進一步加工後，作為最後的 token。

這個加工也比較簡單，直接隨機從 ClientID 的不重複的字元中，選擇 4 個字元（每個字元只能被選擇一次）後，依次替換生成的 UUID 中的「-」，從而得到最終 token。檢驗 token 在該 ClientID 下是否已經存在，如果存在，則重新生成。token 生成流程如圖 7-10 所示。

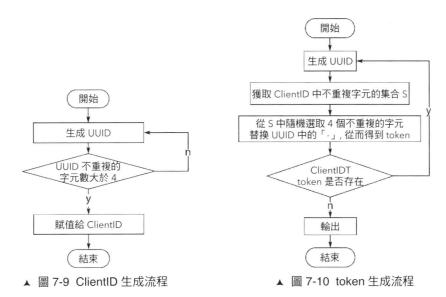

▲ 圖 7-9 ClientID 生成流程　　　▲ 圖 7-10 token 生成流程

這種方式生成的 token，在同一個 ClientID 下是唯一的，在不同 ClientID 之間可能會重複。但是，由於儲存授權資訊時，有 ClientID 進行區分，因此整體來看不同 ClientID 之間的 token 即使產生了重複，也不會對彼此產生影響。

唯一需要注意的是，在快取授權資訊時，不能只將 token 作為 key，需要使用 token 和 ClientID 的拼接結果作為 key。下面透過一個具體的例子演示這種形式token 的生成過程。

【例】

設 ClientID 為 b858d681-3155-4a1d-8afa-c844f7890665，那麼 ClientID 所對應的集合 S 為 { a, b, c, d, f, 0, 1, 3, 4, 5, 6, 7, 8, 9 }。設生成的 access_token 或 refresh_token 的值為 c5f6d90b-0ab4-4a7b-88f1-291949657f6d。

從集合 S 中隨機選取 4 個不重複的字元，得到集合 S1 為 {a,1,3,9}。將

S1 中每個字元依次替換 token 中的「-」，得到最終 token 值為 c5f6d90ba0a-b414a7b388f19291949657f6d。最後，確認該值在 ClientID 的 b858d681-3155-4a1d-8afa-c844f7890665 域下不重複後，就可以直接進行使用，否則重新生成 access_token。

注意
如果 token 在某個 ClientID 域下重複，則可以選擇重新隨機獲取集合 S1 幾次，嘗試生成不重複的 token，也可以考慮生成新的 token。

在擁有以上 token 後，授權系統在收到請求後，首先取到 token 中「-」對應位置的字元，組成集合 S1。同時，由於 ClientID 必然和 token 一起出現，因此授權系統也能獲取集合 S；然後判斷集合 S1 中的元素是否全部包含在集合 S 中，如果全部包含，則初步驗證該 token 是合法的，可以進一步使用資料庫中的資料進行驗證，以進行後續操作。特殊形式 token 驗證流程如圖 7-11 所示。

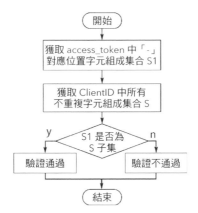

▲ 圖 7-11　特殊形式 token 驗證流程

這種驗證方案最大的優勢是，整個初選過程不需要存取任何儲存媒體，而是消耗 CPU 運算資源，並且整個過程是無狀態的，可以隨時擴充機器資源。

其缺點也很明顯，這種驗證更像是一種奇技淫巧，利用了一些 UUID 的特性，一旦被駭客發現規律（隨機選 4 個就是為了讓規律不容易被推敲）這種方案就會被直接攻破。

　　最後，本書中提到的這種方案，隨著本書的出版，也算是將這種規律公之於眾了。但是，該方案在生產中已經無法使用，而且這種方案的整體安全性比較弱，在實際工作中使用的是更複雜的 token 編碼方式。

　　在實際生產中，通常會將以上 3 種方案結合起來使用，即首先使用自訂格式的 token 進行過濾，然後使用記憶體資料過濾，最後存取真實資料來源。

7.3　JWT 實現

7.3.1　JWT 簡介

　　JWT（JSON Web Token）是一種結構化的自編碼 token。

　　JWT 本質上也是一個字串，並且作為 bearer 類型的 token，使用者完全不需要理解 JWT 自身的資料結構和編碼，只需使用該字串進行請求即可。但是，開放平臺需要知道 JWT 的內部結構，以及如何解析。JWT 實際上由標頭、酬載和簽名 3 部分組成，下面依次對它們介紹。

1 · 標頭（Header）

　　標頭用於描述 JWT 的最基本資訊，常見的包括 JWT 的類型和所使用的簽名演算法。標頭資訊是一個 JSON 字串。

　　JWT 標頭資訊範例資料如範例 7.6 所示。從中可以看到類型（type）是 JWT，使用的簽名演算法（alg）是 HS256（HMac-SHA256 簽名演算法，相關內容在第 6 章中有過介紹）。

```
{"type":"JWT","alg":"HS256"}
```

t　範例 7.6　JWT 標頭資訊範例資料

2 · 酬載（Payload）

　　酬載是存放真實資訊的部分。這個名稱的來源可能是運輸行業。如果把 JWT 比作一輛貨車，那麼資訊就是酬載。這些真實資訊又會分為以下兩個部分。

1）標準中註冊的宣告（建議但不強制使用）

- iss：JWT 簽發者。
- sub：JWT 所簽發的使用者。
- aud：JWT 所表明的資源。
- exp：JWT 的過期時間，這個過期時間要大於簽發時間。
- nbf：定義在什麼時間之前該 JWT 是無法使用的，一般和簽發時間相同。
- iat：JWT 簽發時間。
- jti：JWT 的唯一身份標識。

2）自訂宣告

自訂宣告：可以自由定義不在標準中的任何欄位，滿足自身業務需求。這部分內容又可以分為公共宣告和私有宣告。

範例 7.7 所示為一個簡單的酬載範例。其中，sub 欄位是 JWT 標準宣告，name 和 admin 欄位是自訂宣告。

```
{"sub":"668668","name":"OAuth","admin":true}
```

t 範例 7.7 酬載範例

3・簽名（Signature）

JWT 的第三部分是服務端的簽名，後續服務端會使用該簽名進行驗簽，以保證 JWT 的真實性。

簽名內容為 Base64(Header)+Base64(Payload)+secret。

第一部分為對 Header 進行 Base64 編碼後得到的字串，第二部分為對 Payload 進行 Base64 編碼後得到的字串，secret 是服務端儲存的金鑰，不對外公開，也是簽名和驗簽的重要憑證。

服務端使用 Header 中的簽名演算法，在對該字串簽名後，進行 Base64 編碼，最終得到 JWT 的第三部分。

有了標頭、酬載和簽名後，使用如範例 7.8 所示的格式進行拼接後，便得到最終的 JWT。

```
Base64(Header).Base64(Payload).Signature
```

t 範例 7.8 JWT 整體結構

　　範例 7.8 中將使用「.」進行 Base64 編碼後的 Header 和 Payload 與 Signature 拼接後得到 JWT。第三方應用和開放平臺直接使用該字串進行相關許可權驗證。

7.3.2 JWT 簡單實戰

　　下面基於 jjwt 開放原始碼專案，對 JWT 的使用進行一個簡單實戰，後續的 JWT 版本的 access_token 實現也將在該開放原始碼專案的基礎上進行講解。該專案的 maven 座標如下。

```xml
<dependency>
    <groupId>io.jsonwebtoken</groupId>
    <artifactId>jjwt</artifactId>
    <version>0.9.0</version>
</dependency>
```

　　首先是一個簡單的 JWT 生成例子，程式如範例 7.9 所示。

```java
@Test
public void testBasic() {
    String compact = Jwts.builder()
            // 設置一個標頭資訊
            .setHeaderParam("type", "JWT")
            // 設置 jti
            .setId(UUID.randomUUID().toString())
            // 設置 sub
            .setSubject("user1")
            // 設置 iat
            .setIssuedAt(new Date())
            // 使用 HMac-SHA256 演算法進行簽名，使用的金鑰是 mysecret
            .signWith(SignatureAlgorithm.HS256, "mysecret")
            // 進行編碼壓縮
            .compact();
    System.out.println(compact);
}
```

t 範例 7.9 JWT 基本範例

在範例 7.9 中，給 JWT 中設置了一個 type 欄位，並設置了標準的酬載宣告，包括 jti、sub、iat。最後指定使用 HMac-SHA256 演算法進行簽名，使用的金鑰是 mysecret。

範例 7.9 執行後得到以下的結果。

```
eyJ0eXBlIjoiSldUIiwiYWxnIjoiSFMyNTYifQ.eyJqdGkiOiJkMjMyYzc1MC1iYzcwLTQ0ZGM
tODc4ZC0zMGUxNzVlMmFiYTEiLCJzdWIiOiJ1c2VyMSIsImlhdCI6MTY0NTA2NzMyMn0.7w0lyPp
mVwUID5ggBXDpZ6j3krrpz3PGxJrY7855AlU
```

上面的結果是經過 Base64 編碼後，得到的結果，雖然人眼不能辨識，但是可以找線上解析軟體進行解析，解析結果如圖 7-12 所示。

圖 7-12 中解析出了所有的和酬載資訊，均為明文資訊。也就是說，任何人都能對 JWT 進行解碼，所以通常不建議在 JWT 中儲存任何敏感資訊。

輸入 JWT：

eyJ0eXBlIjoiSldUIiwiYWxnIjoiSFMyNTYifQ.eyJqdGkiOiJkMjMyYzc1MC1iYzcwLTQ0ZGMtODc4ZC0zMGUxNzVlMmFi
YTEiLCJzdWIiOiJ1c2VyMSIsImlhdCI6MTY0NTA2NzMyMn0.7w0lyPpmVwUID5ggBXDpZ6j3krrpz3PGxJrY7855AlU

舉個例子　　解碼 JWT　　複製標頭　　複製酬載　　清空資料

標頭 /Header：

```
{
    "type": "JWT",
    "alg": "HS256"
}
```

酬載 /Payload：

```
{
    "jti": "d232c750-bc70-44dc-878d-30e175e2aba1",
    "sub": "user1",
    "iat": 1645067322
}
```

▲ 圖 7-12　JWT 解碼結果 1

　　下面使用一個例子說明如何使用 jjwt 在自己的伺服器端解析 JWT 的明文內容，並進行輸出，其程式如範例 7.10 所示。

```java
@Test
public void testVerify() {
    // 模擬用戶端傳來的 JWT
    final String jwtToken = "eyJ0eXBlIjoiSldUIiwiYWxnIjoiSFMyNTYifQ.
eyJqdGkiOiJkMjMyYzc1MC1iYz" +
            "cwLTQ0ZGMtODc4ZC0zMGUxNzVlMmFiYTEiLCJzdWIiOiJ1c2VyMSIsImlh" +
            "dCI6MTY0NTA2NzMyMn0.7wOlyPpmVwUID5ggBXDpZ6j3krrpz3PGxJrY7855AlU";
    Jwt jwt = Jwts.parser()
            // 用來驗簽的金鑰和生成簽名時保持一致
            .setSigningKey("mysecret")
            .parse(jwtToken);
    // 獲取標頭資訊
    Header header = jwt.getHeader();
    System.out.println(header);
    // 獲取 body 資訊
    Object body = jwt.getBody();
    System.out.println(body);
}
```

t 範例 7.10 伺服器端解析 JWT 的程式

　　在範例 7.10 中，利用 jjwt 對上一個例子獲取到的 JWT 進行解析，需要注意的是，要使用相同的金鑰。範例 7.10 的解析結果如下。

```
{type=JWT, alg=HS256}
{jti=d232c750-bc70-44dc-878d-30e175e2aba1, sub=user1, iat=1645067322}
```

　　相比於使用工具解析，使用 jjwt 解析會增加相應的驗證步驟。最基本的驗證，便是簽名驗證。如果修改 jwtToken 字串中的任意一個字元，則驗證會失敗，最終得到以下異常提示。

```
io.jsonwebtoken.SignatureException: JWT signature does not match locally
computed signature. JWT validity cannot be asserted and should not be trusted.
```

　　JWT 一般不會是永久有效的，所以在生成 JWT 時，需要指定過期時間。服務端在驗證 JWT 時，也會驗證該 JWT 是否已經過期。下面的例子展示了相關流程。

範例 7.11 所示為指定 JWT 過期時間的程式範例，其輸出結果如下。

eyJ0eXBlIjoiSldUIiwiYWxnIjoiSFMyNTYifQ.eyJqdGkiOiI1MzAxODg0My05ZTIyLTQ0M2U
tOTcwOC01MzJkYjYzOTQxNDUiLCJzdWIiOiJ1c2VyMSIsImlhdCI6MTY0NTE1MDA4NiwiZXhwI
joxNjQ1MTUwMTE1fQ.oCfXkziriGY1HLHATXEnpv-rjzvXIpUnAaIlFug6Ngs

```
@Test
public void testTimedToken() {
    // 設置 30 秒過期
    long exp = System.currentTimeMillis() + (1000 * 30);
    String compact = Jwts.builder()
            // 設置一個標頭資訊
            .setHeaderParam("type", "JWT")
            // 設置 jti
            .setId(UUID.randomUUID().toString())
            // 設置 sub
            .setSubject("user1")
            // 設置 iat
            .setIssuedAt(new Date())
            // 設置 JWT 過期時間，這裡為 30 秒
            .setExpiration(new Date(exp))
            // 使用 HMac-SHA256 演算法進行簽名，使用的金鑰是 mysecret
            .signWith(SignatureAlgorithm.HS256, "mysecret")
            .compact();
    System.out.println(compact);
}
```

t 範例 7.11 指定 JWT 過期時間的程式範例

當再次使用範例 7.10 中的程式解析上面範例 7.11 的輸出時，就會自動驗證 JWT 的有效期。如果 JWT 已經失效，則會得到以下錯誤資訊。

```
io.jsonwebtoken.ExpiredJwtException: JWT expired at xxxx-02-18T10:08:35Z.
Current time: xxxx-02-18T10:13:09Z, a difference of 274688 milliseconds.  Al
lowed clock skew: 0 milliseconds.
```

最後，使用一個例子說明如何在 JWT 中增加自訂的屬性，其程式如範例 7.12 所示。

```
@Test
public void testCustomField() {
    // 設置 30 秒過期
    long exp = System.currentTimeMillis() + (1000 * 30);
    String compact = Jwts.builder()
            // 設置一個標頭資訊
            .setHeaderParam("type", "JWT")
            // 設置 jti
            .setId(UUID.randomUUID().toString())
            // 設置 sub
            .setSubject("user1")
            // 設置 iat
            .setIssuedAt(new Date())
            // 自訂欄位
            .claim("client_id", "1")
            // 設置 JWT 過期時間，這裡為 30 秒
            .setExpiration(new Date(exp))
            // 使用 HMac-SHA256 演算法進行簽名，使用的金鑰是 mysecret
            .signWith(SignatureAlgorithm.HS256, "mysecret")
            .compact();
    System.out.println(compact);
}
```

t 範例 7.12 在 JWT 中增加自訂屬性的程式範例

在範例 7.12 中，使用 claim() 方法指定自訂酬載屬性 client_id，其值為 1。執行範例 7.12 的程式後，得到以下內容。

```
eyJ0eXBlIjoiSldUIiwiYWxnIjoiSFMyNTYifQ.eyJqdGkiOiIxMjQyMDAzZC0zOWJjLTRhYjc
tYTYzYy0xMDA1ZTBlNzIzYzQiLCJzdWIiOiJ1c2VyMSIsImlhdCI6MTY0NTE1MDY3MSwiY2xpZ
W50X2lkIjoiMSIsImV4cCI6MTY0NTE1MDcwMX0.xwBHRRUTmTgbFkjAsvbPOe72PYq_gNIwDlm
1kbw42rg
```

將以上結果輸入到第三方工具中，從而得到如圖 7-13 所示的結果，並在酬載內容中可以看到自訂的 client_id 已經在酬載中了。

輸入 JWT:

eyJ0eXBlIjoiSldUIiwiYWxnIjoiSFMyNTYifQ.eyJqdGkiOiIxMjQyMDAzZC0zOWJjLTRhYjctYTYzYy0xMDA1ZTBlNzIzYz
QiLCJzdWIiOiJ1c2VyMSIsImlhdCI6MTY0NTE1MDY3MSwiY2xpZW50X2lkIjoiMSIsImV4cCI6MTY0NTE1MDcwMX0.xw
BHRRUTmTgbFkjAsvbPOe72PYq_gNlwDlm1kbw42rg

舉個例子　解碼 JWT　複製標頭　複製酬載　清空資料

標頭/Header:

```
{
    "type": "JWT",
    "alg": "HS256"
}
```

酬載/Payload:

```
{
    "jti": "1242003d-39bc-4ab7-a63c-1005e0e723c4",
    "sub": "user1",
    "iat": 1645150671,
    "client_id": "1",
    "exp": 1645150701
}
```

▲ 圖 7-13 JWT 解碼結果 2

注意
如果讀者執行範例中的程式，則得到的結果由於時間戳記不一樣，因此一定和本書中得到的結果不一致。

7.3.3 基於 JWT 實現的授權資訊

下面開始介紹基於 JWT 實現的 access_token 方案。

JWT 版本的 access_token 所對應的生命週期，只有短生命週期的無更新 access_token，以及短生命週期的可更新 access_token。下面將對這兩種方案進行詳細介紹。

1 · 短生命週期的無更新 access_token

這種方案的 access_token，使用 JWT 實現比較簡單，只需在生成 JWT 時，指定一個可以接受的 JWT 過期時間即可。最重要的環節是，將相關業務資訊填充到 JWT 的酬載中。下面對 access_token 所對應的 JWT 酬載中的各欄位進行定義。

圖 7-14 所示為 JWT 與標準授權欄位的對應關係，展示了基於隨機字元方案實現的 access_token 中所定義的各欄位與 JWT 方案中所定義的各欄位的對應關係。

▲ 圖 7-14 JWT 與標準授權欄位的對應關係

以右側（JWT）為基準，對圖 7-14 中的對應關係介紹。

- iss 欄位：用來標識 JWT 的發放者，是 JWT 所特有的，因此不存在對應關係。

- sub 欄位：用來標識 JWT 所屬使用者。在開放平臺場景中，由第三方應用的 ClientID 和 OpenID 唯一確定系統中的使用者，所以這裡用來儲存 OpenID。

- aud 欄位：用來標識該 JWT 所對應的許可權範圍。在開放平臺中，用許可權套件表示，所以這裡是許可權套件列表（用逗點分隔的字串）。

- jti 欄位：用來標識該 JWT 的唯一性。在開放平臺中，對應於 access_token。

- iat 欄位：用來標識 JWT 簽發時間。

- exp 欄位：用來標識 JWT 過期時間。在開放平臺中，對應於過期時間。

- client_id 欄位：自訂欄位，在開放平臺中，代表第三方應用的唯一標識。

未被對應的左側欄位，包括 clientSecret、refreshToken、refreshExpiresIn、re-freshExpireTime 和 userId。其中，clientSecret 和 userId 由於 JWT 能直接解碼為明文，相比於儲存在伺服器中，存在極大的安全風險，不再進行儲存；refreshToken 相關內容由於在該方案中不再使用，因此不需要儲存。

授權系統在收到第三方應用發起的獲取 access_token 請求後，首先會完成必要的驗證，驗證通過後，生成包含圖 7-14 右側資訊的 JWT，並建立如範例 7.13 所示的結果，傳回給第三方應用。

```
{
    "access_token": JWT,
    "expires_in":86400,
    "open_id":"OPENID",
    "scope":"SCOPE",
    "token_type":"bearer"
}
```

t 範例 7.13　第三方應用收到的授權資訊 1

在範例 7.13 中，各欄位含義保持不變。這裡重點對 access_token 欄位說明，因為該欄位被賦值為 JWT，不再是一個隨機字元了。同時，雖然 expires_in、open_id 和 scope 參數所表示的資訊均可在 JWT 中解碼獲取，但是還是選擇顯示地傳回給第三方應用，這是為什麼呢？其原因就在於，token_type 是 bearer。也就是說，access_token 對應的 JWT 對第三方應用來說沒有任何意義，JWT 的結構和相關資訊是給授權系統使用的。

開放平臺收到開放 API 呼叫後，會向授權系統發起鑑權請求。授權系統在收到鑑權請求後，首先會驗證 ClientID 是否有效，然後對收到的 JWT 進行解碼。如果解碼失敗、驗簽失敗或 JWT 已經失效，則傳回無效的 access_token 提示訊息。相關操作可以參考上面的 JWT 使用範例。

如果某個使用者對於特定第三方應用的授權還沒有過期，則該使用者再次對該第三方應用進行授權時，由於在授權系統中並沒有儲存任何授權資訊，因此無法傳回還在有效期內的授權資訊給第三方應用，而只能生成新的授權資訊傳回給第三方應用。這就會導致在相同時間段內，有多個可用的 access_token。這是 JWT 方案的缺點，可以透過限制使用者授權次數進行一定程度上的規避。

如果 JWT 被洩露，則駭客可以使用該 JWT 呼叫開放能力進行攻擊。由於 JWT 一經頒發除非該 JWT 過期，否則沒有辦法直接取消，因此授權系統只能透過 JWT 中的 jti 欄位進行黑名單攔截。也就是說，授權系統在收到惡意攻擊警告後，將 JWT 的 jti（JWT 唯一標識）增加到 access_token 黑名單中進行攔截。

最後，JWT 由於沒有有效的主動取消授權手段，因此 JWT 的有效期不能太長。在沒有更新機制的情況下，需要使用者頻繁地進行授權操作。

2 · 短生命週期的可更新 access_token

由於 JWT 所生成的 access_token 過期時間較短，因此第三方應用需要一種更新機制來延長 access_token 的生命週期。增加一種更新機制，雖然增加了對接成本，但是能有效支援一些複雜業務，從整體上看是值得的。下面對可更新的 JWT 介紹。

可更新的 JWT 的內容結構和圖 7-14 右側保持一致。也就是說，可更新的 JWT 不需要在標頭和酬載中增加任何額外資訊。

當第三方應用發起獲取 access_token 請求後，授權系統會傳回如範例 7.14 所示的結果。

```
{
    "access_token":JWT,
    "expires_in":86400,
    "refresh_token":JWT,
    "refresh_expires_in":864000,
    "open_id":"OPENID",
    "scope":"SCOPE",
    "token_type":"bearer"
}
```

t 範例 7.14 第三方應用收到的授權資訊 2

相比於範例 7.13，範例 7.14 增加了 refresh_token 和 refresh_expires_in 欄位，用來支援第三方應用更新 access_token 的有效期。需要注意的是，範例 7.14 中的 refresh_token 和 access_token 是相同的 JWT，即使用者使用相同的 JWT 進行開放能力請求和 access_token 更新。refresh_expires_in 是 refresh_token 的有效時間段（以秒為單位），對 JWT 來說，就是該 JWT 最後可以用作更新 access_token 的有效時間段。

為了能支援 JWT 進行 access_token 更新，授權系統在 JWT 驗證時需要對其進行相應修改，其程式如範例 7.15 所示。

```java
@Test
public void testVerifyRefreshable() {
    // 模擬用戶端傳來的 JWT
    final String jwtToken = "eyJ0eXBlIjoiSldUIiwiYWxnIjoiSFMyNTYifQ." +
            "eyJqdGkiOiI1MzAxODg0My05ZTIyLTQ0M2UtOTc" +
            "wOC01MzJkYjYzOTQxNDUiLCJzdWIiOiJ1" +
            "VyMSIsImlhdCI6MTY0NTE1MDA4NiwiZXhwIjoxNjQ1MTUwMTE1fQ" +
            ".oCfXkziriGY1HLHATXEnpv-rjzvXIpUnAaIlFug6Ngs";
    /* 驗證 JWT*/
    Jwt jwt = Jwts.parser()
            .setAllowedClockSkewSeconds(777600)
            // 用來驗簽的金鑰和生成簽名時保持一致
            .setSigningKey("mysecret")
            .parse(jwtToken);
    DefaultClaims body = (DefaultClaims)jwt.getBody();
    Date expiration = body.getExpiration();
    if (System.currentTimeMillis() - expiration.getTime() > 3600 * 1000) {
        throw new IllegalStateException("token 有效期還比較長，請稍後更新 ");
    }
    /* 生成新的 JWT 並傳回 */
    // 設置 30 秒過期
    long exp = System.currentTimeMillis() + (1000 * 30);
    String compact = Jwts.builder()
            // 設置一個標頭資訊
            .setHeaderParam("type", "JWT")
            // 設置 jti
            .setId(UUID.randomUUID().toString())
            // 設置 sub
```

```
                    .setSubject("user1")
                    // 設置 iat
                    .setIssuedAt(new Date())
                    // 自訂欄位
                    .claim("client_id", "1")
                    // 設置 JWT 過期時間，這裡為 30 秒
                    .setExpiration(new Date(exp))
                    // 使用 HMac-SHA256 演算法進行簽名，使用的金鑰是 mysecret
                    .signWith(SignatureAlgorithm.HS256, "mysecret")
                    .compact();
        System.out.println(compact);
    }
```

t 範例 7.15 支援更新授權資訊的伺服器的程式範例

範例 7.15 使用單元測試模擬授權系統收到 JWT 更新請求後的相關操作。

範例 7.15 首先模擬了一個收到的 JWT，然後對 JWT 進行驗證。這裡主要進行了簽名認證和有效期認證。需要注意的是，在程式中增加了一個 setAllowedClockSkewSeconds(777600) 方法呼叫，該方法的作用是讓 JWT 在已經過期 777600 秒後，依然能驗證通過。777600 這個數字是由 864000-86400 得到的，其中 864000 為 refresh_token 有效期，86400 為 access_token 有效期。

與此同時，範例 7.15 的程式對 access_token 的過期時間做了進一步判斷，如果 access_token 的有效期還比較長，則不進行後續生成新的 JWT 的相關操作。

接著，範例 7.15 的程式模擬生成了 JWT。需要注意的是，這裡只是範例程式，沒有演示相關的驗證流程和賦值流程。在實際生成新的 JWT 時，首先從收到的 JWT 中獲取 ClientID，然後使用該 ClientID 獲取第三方應用資訊中的 ClientSecret，並與透過參數傳入的 ClientSecret 進行一致性驗證。如果驗證通過，則使用傳入的 JWT 中的 sub 和 client_id 欄位對應值，作為新 JWT 的欄位對應值，從而生成新的 JWT。

最後，為了能在一定程度上支援 JWT 版本的 access_token 失效，在更新操作時，可以加入黑名單驗證，即透過 ClientID 和 OpenID（sub 欄位）獲取 UserID 後，判斷該使用者是否已經將第三方應用加入黑名單。如果已經加入黑名單中，則不再生成新的 JWT。當然，已經簽發的 JWT 只能靜待該 JWT 過期失效。

7.3.4 基於 JWT 的 access_token 方案總結

以上就是 JWT 作為 access_token 的全部內容，相比於隨機字元方案，該方案最大的優勢在於服務端不需要儲存授權資訊，這對使用者量龐大的授權系統來說，能節省大量的儲存伺服器資源。

但是，該方案也存在一些缺點。

首先，access_token 包含了所有資訊，雖然授權系統不需要進行儲存，但是第三方應用卻要對其進行儲存，相當於把儲存壓力從授權系統轉移到第三方應用中。

然後，無法主動失效已經簽發的 JWT 只能透過黑名單的方式，限制已經簽發的 JWT 進行請求，或生成新的 JWT。

在目前的實踐應用中，很多實現使用的是隨機字元的方案，因為該方案雖然消耗儲存資源，但是能為對接方提供更好的體驗。

7.4 許可權套件與 Scope

7.4.1 Scope 概念引入

使用者在對第三方應用進行授權時，會將自己所擁有的許可權授權給第三方應用，使第三方應用在獲取這些許可權後，就能呼叫許可權所對應的開放能力。在授權系統中，使用 Scope 表示一組完整的許可權能力。

下面簡單回憶在使用權限碼進行授權時，在哪些地方使用過 Scope。

第三方應用引導使用者進入登入頁面進行授權登入，此時第三方應用會拼接獲取 code 的請求。在該請求中便有 scope 參數，而 scope 參數所對應的值為第三方應用想要申請的許可權列表，是用「，」進行分隔的 Scope 字串，如「SHOP_SCOPE, ADDRESS_SCOPE, USER_SCOPE」代表了第三方應用想要申請的許可權有 3 種。

授權系統在收到第三方應用發送的請求後，會獲取第三方應用在建立時所獲取的所有 Scope。

　　將以上的兩個 Scope 列表取交集後，便得到展示給使用者的 Scope 列表。使用者在替第三方應用授權時，會在授權頁面上看到該 Scope 列表所對應的授權項，以明確自己的授權範圍。

　　在如圖 7-15 所示的使用者授權頁面中，terms 就是根據上一步取交集後獲取的 Scope 列表，用來展示給使用者知曉的授權範圍。

　　隨後，使用者在該頁面進行登入，完成授權操作。授權系統在收到使用者授權後，在當前 Scope 列表的基礎上，再與使用者所擁有的許可權所對應的 Scope 列表進一步取交集，將其作為最終的 Scope 列表，並把 code 碼傳回給第三方應用。

　　最後，第三方應用使用 code 碼獲取 access_token，授權系統會傳回授權資訊。該授權資訊中會包含 scope 參數，對應的值為最終的 Scope 列表。該列表和最初第三方應用在發起授權時的 Scope 列表可能不同，一般前者可能是後者的子集。

　　在第三方應用拿到授權資訊並進行開放能力呼叫時，授權系統會透過該能力所對應的 Scope 是否包含在 access_token 的 Scope 列表中，進行許可權驗證，從而實現對資源的保護。

　　以上是整個基於 code 授權模式全流程中所有使用 Scope 的流程節點。下面基於該流程進行 Scope 和許可權套件概念的闡述。

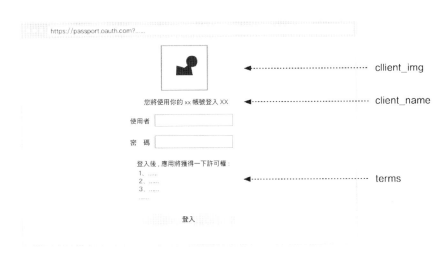

▲ 圖 7-15　使用者授權頁面

7.4.2 開放平臺中的 Scope 實現細節

首先給 Scope 一個明確定義。圖 7-16 所示為許可權套件與 Scope 的對應關係，展示了 Scope 在開放平臺中的作用。

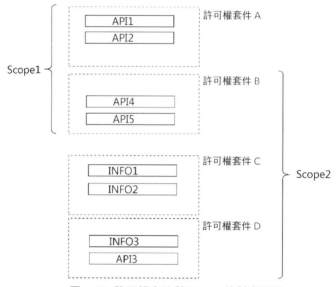

▲ 圖 7-16 許可權套件與 Scope 的對應關係

在開放平臺中，需要保護的所有 API 呼叫許可權及使用者資訊，都可以抽象為資源。在有了資源以後，為了有效地管理資源，開放平臺會對資源進行分組，將一組與功能相關的資源，包裝到一個許可權套件中。最後，營運人員會將一組許可權套件，包裝為一個 Scope，用來支撐某個業務場景功能的實現。從圖 7-16 中可以看到，一個許可權套件是可以屬於多個 Scope 的，因為在不同的場景中，可能會使用到相同的許可權套件。與之相比，資源只能歸於一個許可權套件。

在這套許可權的基礎上，暴露給使用者和第三方應用的只有 Scope。而具體的許可權套件，以及其下的資源由開放平臺進行管理和使用。

開放平臺中的內部系統管理人員，透過 HUB 系統，將系統內部的某些能力發佈給開放 API。內部系統管理人員在發佈時，會選擇自己的開放 API 所對應的許可權套件（如果不存在合適的許可權套件，則需要聯繫開放平臺營運人員建立合適的許可權套件），並將自己的 API 放到相應的許可權套件中。

同時，HUB 系統還會為 API 生成文件，使第三方應用程式開發者可以透過門戶系統查看相應文件，確定自己需要在建立應用時申請哪些 Scope。

開放平臺的系統使用者需要在開放平臺所服務的系統中，透過購買各種外掛程式來擁有各種 Scope。

最後，無論是第三方應用還是系統使用者，都會在建立時擁有預設的 Scope 列表。

以上的這些能力，都由授權系統在開放平臺中的其他協作系統所完成，所以這裡不進行深入討論。對授權系統來說，Scope 的主要操作都集中在上述基於 code 的授權流程中。

需要注意的是，授權資訊中的 scope 參數所對應的 Scope 列表，是第三方應用所擁有的 Scope 列表、系統使用者所擁有的 Scope 列表，以及第三方應用在發起授權請求時 scope 參數所指定的 Scope 列表這三者的交集。它們之間的關係如圖 7-17 所示。

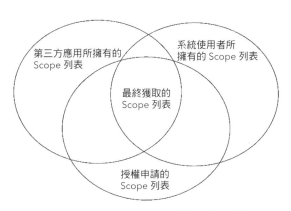

▲ 圖 7-17　各 Scope 列表之間的關係

由於最終獲取的 Scope 列表和發起授權時申請的 Scope 列表可能不同，因此授權系統在傳回的授權資訊中，明確了第三方應用真實獲取的 Scope 列表。這時，第三方應用有責任對比自己申請的 Scope 列表和真實獲取的 Scope 列表之間的出入。如果真實獲取的 Scope 列表較少，則表示第三方應用需要支援自身系統功能所對應的一些開放 API 無法呼叫，從而無法提供給使用者有效的服務。此時，第三方應用需要提示使用者在開放平臺所服務的系統中，購買或開通相應的功能，或檢查第三方應用自身所擁有的功能是否已經過期。

7.5 SDK

通常開放平臺的開放能力都是透過 HTTP 介面進行暴露的，對接方需要自己實現使用 HttpClient 進行相關功能呼叫。在呼叫開放能力時，還需要進行簽名、驗簽、授權，以及加解密相關的操作，對接方也需要按照開放平臺的文件進行實現。

上面所有的操作，都需要開發者按照開放平臺的文件一個一個實現並進行偵錯，整個過程不僅對對接方的技術要求高，還需要對接方研讀開放平臺的相關文件，使對接成本很高。

為了能降低對接成本，開放平臺一般會向第三方應用提供 SDK。透過 SDK 將與開放能力呼叫相關的操作進行封裝，並提供簽名、驗簽、授權，以及加解密相關的工具能力。最終第三方應用程式開發者會得到一個自己所熟悉語言的功能套件，直接呼叫函數，即可實現相關功能，從而大大降低了連線成本。

SDK 的實現細節分為很多版本，有直接寫好發佈到 GitHub 上供所有人下載的，也有根據第三方應用所擁有的許可權動態生成第三方應用特有的 SDK，這裡不進行深入討論。下面重點討論 SDK 中提供的與授權相關的能力，這裡以基於 code 的授權模式為例進行講解。

在 code 授權模式中，第一步是獲取 code。第三方應用所需要做的工作是，拼接如範例 7.16 所示的請求連結。所以 SDK 中會提供以 clientId、redirectUrl、state 及 scopes 為入參的函數，拼接如範例 7.16 所示的請求。程式如範例 7.17 所示。

```
https://example.OAuth.com/OAuth 2/authorize?client_id=
 ##&response_type=code&redirect_url=##&state=##&scope=##
```

t 範例 7.16 獲取 code 碼的請求連結

```
public class UrlUtils {

    /**
     * 用來獲取 code 位址
     * @param clientId 第三方應用在開放平臺的唯一標識
     * @param state 狀態碼
     * @param redirectUrl 回呼位址
     * @param scopes 許可權套件列表
     * @return
     */
    public static final String codeUrl(String clientId, String state, String
redirectUrl, List<String> scopes) {
        // 獲取 code 位址範本
        final String template = "https://example.OAuth.com/
OAuth 2/authorize?client_id=%s&response_type=code&redirect_
url=%s&state=%s&scope=%s";
        // 將 scopes 參數的列表拼接為字串形式
        String strScopes = scopes.stream().collect(Collectors.
joining(","));
        return String.format(template, clientId, redirectUrl,state, scopes);
    }
}
```

t 範例 7.17 獲取 code 中 SDK 的程式範例

不過該功能比較簡單，簡單到只是進行字串拼接，所以很多開放平臺並不會提供相關的功能實現。

在獲取 token 以後，第三方應用需要使用 code 換取 access_token，並進行 access_token 更新操作。SDK 中會封裝相應的功能，程式如範例 7.18 所示。

```
/**
 * 用來獲取 access_token 和更新 access_token 的工具類別
 */
public class ExampleAccessTokenBuilder {
    /**
     * 無參構造函數，防止工具類別被實例化
     */
    private ExampleAccessTokenBuilder() {
    }
```

```
    /**
     * 透過 code 建構 access_token
     * @param code 獲取的 code 碼
     * @param clientId 第三方應用的唯一標識
     * @param clientSecret 第三方應用的金鑰
     * @return 獲取的 AccessToken 傳回結果
     */
    public static AccessToken build(String code, String clientId, String
clientSecret) {
        // 建構設定資訊，裡面除了包含第三方應用的資訊，還會包含一些預設的 HttpClient
參數的設置，這裡不進行展開
        GlobalConfig globalConfig = new GlobalConfig();
        globalConfig.setClientId(clientId);
        globalConfig.setClientSecret(clientSecret);
        // 這裡的 DefaultClient.getDefaultClient() 獲取了 SDK 預設提供的 HttpClient
        return build(globalConfig, DefaultClient.
getDefaultClient(), code);
    }
    /**
     * 獲取 access_token 的多載方法，允許第三方應用自訂 HttpClient
     * @param config 設定資訊，會包含 ClientID 和 ClientSecret，以及一些底層的 HttpClient
參數，這裡不進行詳細說明
     * @param client HttpClient
     * @param code 獲取的 code 碼
     * @return
     */
    public static AccessToken build(GlobalConfig config, Client httpClient,
String code) {
        // 建構請求
        AccessTokenRequest request = new AccessTokenRequest();
        request.getParam().setCode(code);
        request.getParam().setGrantType("authorization_code");
        request.setConfig(config);
        request.setClient(client);
        // 執行請求
        AccessTokenResponse resp = request.execute(null);
        return AccessToken.wrap(resp);
    }
    /**
     * 更新 access_token
```

```
 * @param refreshTokenStr refresh_token
 * @param clientId 第三方應用的唯一標識
 * @param clientSecret 第三方應用的金鑰
 * @return 授權資訊
 */
public static AccessToken refresh(String refreshTokenStr, String clientId,
String clientSecret) {
    GlobalConfig globalConfig = new GlobalConfig();
    globalConfig.setClientId(clientId);
    globalConfig.setClientSecret(clientSecret);
    // 將 refresh_token 賦值到 access_token 中
    AccessToken accessToken = AccessToken.wrap(null,
refreshTokenStr);
    return refresh(globalConfig, DefaultClient.getDefaultClient(), accessToken);
}
/** 更新 access_token 多載方法，可以指定 HttpClient*/
public static AccessToken refresh(GlobalConfig config, Client client,
AccessToken accessToken) {
    // 建構 access_token 更新請求
    RefreshTokenRequest request = new RefreshTokenRequest();
    request.setConfig(config);
    request.setClient(client);
    request.getParam().setGrantType("refresh_token");
    request.getParam().setRefreshToken(accessToken.
getRefreshToken());
    // 執行更新獲取結果
    RefreshTokenResponse response = request.execute(null);
    return AccessToken.wrap(response);
}
}
```

t 範例 7.18 token 相關的程式範例

範例 7.18 中的程式清晰地表述了自身所實現的功能，不需要做過多贅述。這裡只針對重點進行必要說明。

首先是 GlobalConfig，該類別封裝了 SDK 進行請求的一些公共資料，在程式中表現為 ClientID 和 ClientSecret。在此基礎上，還會包含一些 HTTP 請求的相關參數，如授權系統的 URL 位址、開放閘道的 URL 位址，以及 HTTP 請求逾時時間等。由於該類別只是設定資訊，並沒有任何功能，這裡不進行詳細講解。

　　然後是 AccessTokenRequest 和 AccessTokenResponse，以及 RefreshTokenRequest 和 RefreshTokenResponse 兩組請求回應對。這是開放平臺提供 SDK 的通用形式，一般會為每個功能提供一個 Request 執行請求，並傳回一個 Response 包裝傳回結果。這裡也不進行詳細講解。

　　最後是 AccessToken。無論是獲取 access_token，還是更新 access_token，都會將結果封裝成該類別，同時在更新 access_token 時，也用到該類別包裝 refresh_token。綜上所述，該類別是 SDK 提供的 access_token 在第三方應用中的唯一表現，其程式如範例 7.19 所示。

```java
public class AccessToken {
    // 錯誤碼
    private Long errNo;
    // 提示訊息
    private String message;
    // 真正的 token 資訊
    private AccessTokenData data;
    // 唯一 ID，用來提交工作需求排除具體錯誤原因
    private String logId;

    public AccessToken() {
    }

    /** 各種包裝方法 */
    public static AccessToken wrap(AccessTokenResponse response) {
        AccessToken accessToken = new AccessToken();
        accessToken.errNo = response.getErrNo();
        accessToken.message = response.getMessage();
        accessToken.data = (AccessTokenData)response.getData();
        accessToken.logId = response.getLogId();
        return accessToken;
    }

    public static AccessToken wrap(RefreshTokenResponse response) {
        AccessToken accessToken = new AccessToken();
        accessToken.errNo = response.getErrNo();
        accessToken.message = response.getMessage();
        accessToken.data = (AccessTokenData)response.getData();
```

```
        accessToken.logId = response.getLogId();
        return accessToken;
    }

    public static AccessToken wrap(String accessTokenStr, String refreshTokenStr) {
        AccessToken accessToken = new AccessToken();
        AccessTokenData tokenData = new AccessTokenData();
        tokenData.setAccessToken(accessTokenStr);
        tokenData.setRefreshToken(refreshTokenStr);
        accessToken.data = tokenData;
        return accessToken;
    }
    /** 判斷是否成功 */
    public boolean isSuccess() {
        return this.errNo != null && this.errNo == 0L;
    }
    /**get() 和 set() 方法 */
}
```

t 範例 7.19 授權資訊封裝

透過 SDK 提供授權功能，第三方應用程式開發者能有效地進行 access_token 生命週期的管理。唯一遺留的問題是，第三方應用程式開發者還需要知道何時進行 access_token 更新，以及更新成功後，如何更新自己的 access_token 資訊。

有些人認為 SDK 需要提供給使用者完全自動化的 access_token 更新機制，讓使用者完全感知不到 access_token 的更新操作，只需使用 access_token 執行請求即可。

但事實上，第三方應用程式開發者不僅會將 access_token 資訊根據自身業務需要進行儲存，而且會將儲存資訊中的 OpenID 與自身系統使用者進行連結，所以 access_token 可能以任意形式，儲存在任意儲存中介軟體內。在這種前提下，由於開放平臺無法預知去哪裡獲取 access_token 資訊，以及完成更新以後如何進行 access_token 資訊更新，因此使用 SDK 提供一套 access_token 更新機制就變得不可能了。

　　為了應對這種情況，有些 SDK 為第三方應用程式開發者提供了擴充點，讓第三方應用程式開發者進行實現，並補充相應邏輯。但是個人感覺，這和讓第三方應用程式開發者自己實現一套更新機制幾乎沒有區別。

　　最後，簡單討論如何進行 access_token 更新。最簡單且通用的方式是，定時檢查 access_token 是否過期，如果過期，則進行 access_token 更新流程；如果沒有過期，則直接跳過。授權系統一般會限制 access_token 更新介面的呼叫次數，如每天 100 次，這種更新方式能大幅上減少更新呼叫。

第 8 章

基於 Spring Security 的 OAuth 2 實戰

　　前文對授權系統的相關功能進行了介紹，在介紹的過程中，雖然穿插了一些細節上的程式實現，但是對於整體的授權系統應該如何實現，並沒有提供相關的程式參考。主要原因是，不同的授權系統應該根據自身的業務，實現符合自己需求的系統。但是為了完整性，本書需要有一章對整體實踐介紹，所以本章基於 Spring Security 進行相關流程的簡單演示。如果有需要從零開始實現自己的授權系統，則可以以這些演示為切入點，詳細研究 Spring Security 的實現邏輯。

　　這裡要強調的是，這些都是範例程式，切勿直接用於生產。並且，這裡只演示標準的 OAuth 所指定的四種授權模式。

　　所有的專案都會統一使用 maven 進行演示，這裡統一展示所相依專案的 maven 座標。

```xml
<!--Spring Security-->
<dependency>
    <groupId>org.springframework.boot</groupId>

<artifactId>spring-boot-starter-security</artifactId>
    <version>2.2.1.RELEASE</version>
</dependency>
<!--Web 專案所相依的 starter-->
<dependency>
    <groupId>org.springframework.boot</groupId>
    <artifactId>spring-boot-starter-web</artifactId>
```

```
    <version>2.2.1.RELEASE</version>
</dependency>
<!-- Spring Security OAuth 2 -->
<dependency>

<groupId>org.springframework.security.OAuth</groupId>
    <artifactId>spring-security-OAuth 2</artifactId>
    <version>2.4.0.RELEASE</version>
</dependency>
```

上面的 maven 相依，只是簡單地展示了所相依專案的 maven 座標，並非全格式的 pom 檔案。

首先引入了 spring-boot-starter-security，用來進行許可權驗證，對應於鑑權部分的能力；然後是 spring-boot-starter-web，用來支援簡單開發一個 Web 專案；最後是整個章節所要討論的主體 spring-security-OAuth 2。

8.1 隱式授權模式

在開放平臺中，最重要的兩個系統是開放閘道（資源存取伺服器）和授權系統。其中，開放閘道擁有開放能力的存取功能，並且開放閘道會呼叫授權系統進行鑑權；而授權系統負責進行授權和鑑權。下面分別用最簡的程式演示在隱式授權模式下使用 Spring Security 實現這兩個系統。

8.1.1 授權系統的相關實現

首先介紹授權系統相關程式。進行授權的第一步是提供使用者認證功能，所以需要先有使用者登入功能。在如範例 8.1 所示的授權資訊安全設定中，展示了如何透過 Spring Security 實現一個簡單的使用者登入和認證功能。

```
@Configuration
@EnableWebSecurity
public class SecurityConfig extends WebSecurityConfigurerAdapter {

    /***
     * 在 Spring 中注入一個 PasswordEncoder，用來對儲存的密碼進行編碼
```

```
 * 通常不會儲存使用者的純文字密碼，以防止使用者密碼透過資料來源洩露
 * @return
 */
@Bean
public PasswordEncoder passwordEncoder(){
    return new BCryptPasswordEncoder();
}
/**
 * 這裡作為一個簡單的範例，將使用者認證資訊直接儲存到記憶體中
 * 這裡儲存了一個使用者名稱為 OAuth 2，密碼也為 OAuth 2 的使用者認證資訊到記憶體
中，用來支援使用者登入
 * @param auth
 * @throws Exception
 */
@Override
protected void configure(AuthenticationManagerBuilder auth) throws Exception {
    // 使用記憶體進行儲存，在實際生產中一定是可持久化的資料來源
    auth.inMemoryAuthentication()
            // 指定使用者名稱
            .withUser("OAuth 2")
            // 指定密碼
            .password(passwordEncoder().encode("OAuth 2"))
            // 指定使用者所擁有的資源，也就是前面所提到的 scope
            // 這裡作為演示，直接設置為空
            // 也就是說，不進行 scope 驗證
            .authorities(Collections.emptyList());
}
   /**
 * 設定 Web 登入驗證方式，當第三方應用發起授權請求後，使用者會進行登入授權
 * 該配合結合上面的使用者資訊設定給授權系統提供了相關能力
 * @param http
 * @throws Exception
 */
@Override
protected void configure(HttpSecurity http) throws Exception {
            http.authorizeRequests()
            // 所有的請求都要進行認證
            .anyRequest().authenticated()
            .and()
            // 使用最簡單的瀏覽器提供的登入視窗進行登入
```

```
        // 實際工作中會設定 form 表單方式，並自己實現頁面
        .httpBasic()
        .and()
        // 跨域相關的，這裡進行關閉
        .csrf().disable();
    }
}
```

t 範例 8.1 授權資訊安全設定

範例 8.1 中的相關程式和註釋能很清晰地闡述這段程式的作用。這裡進行一個簡單的總結。

使用 @Configuration 注解，將該類別宣告為 Spring 的設定類別，從而使 Spring 在啟動時，載入並解析該類別。

使用 @EnableWebSecurity 注解，開啟 Web 安全相關的元件，其中 EnableXXX 是 Spring 提供的一種元件化設定能力，其作用籠統來說，就是設定並註冊一組功能相關的 Bean 到 Spring 容器中。

範例 8.1 中的類別繼承了 WebSecurityConfigurerAdapter 類別，並重寫兩個 configure() 方法，一個用來設定認證資訊，另一個用來設定認證範圍和認證方式。XXXAdapter 是 Spring 提供的一種設定簡化類別。

在擁有使用者登入和認證能力後，就可以進行隱式授權模式的相關設定了，其程式如範例 8.2 所示。

```
public class AuthorizationConfig extends
AuthorizationServerConfigurerAdapter {
    // 這裡是範例 8.1 中所注入的編碼器
    @Autowired
    private PasswordEncoder passwordEncoder;
    @Override
    public void configure(AuthorizationServerSecurityConfigurer security) {
        security.allowFormAuthenticationForClients()
            // 任何系統都可以請求獲取 token
            .tokenKeyAccess("permitAll()")
            // 驗證 token 需要進行認證
            .checkTokenAccess("isAuthenticated()");
```

```
        }

    @Override
    public void configure(ClientDetailsServiceConfigurer clients) throws Exception {
        clients.inMemory()
                        // 用戶端唯一標識
                        .withClient("client")
                        // 授權模式標識，這裡使用隱式授權模式
                        .authorizedGrantTypes("implicit", "refresh_token")
                        // 設置 access_token 有效期
                        .accessTokenValiditySeconds(120)
                        // 設置 refresh_token 有效期
                        .refreshTokenValiditySeconds(3600)
                        // 作用域
                        .scopes("api")
                        // 許可權套件
                        .resourceIds("resource1")
                        // 允許的回呼位址列表
                        .redirectUris("https://www.baidu.com")
                        .and()
                        // 資原始伺服器在驗證 token 時使用的用戶端資訊，僅需要 client_id 與密碼
                        .withClient("open-server")
                        .secret(passwordEncoder.encode("test"));
        }
}
```

t 範例 8.2　OAuth 2 相關設定

範例 8.2 對 OAuth 2 相關內容進行了設定。

configure() 方法設定了 token 獲取和驗證的認證方式。因為 token 獲取的請求直接由用戶端在瀏覽器發起，所以這裡 tokenKeyAccess 使用「permitAll()」，也就是任何人都能獲取 access_token；又因為驗證 access_token 只對開放閘道開放，所以將 checkTokenAccess 設定為「isAuthenticated()」。

configure() 方法是具體的授權設定，這裡使用記憶體方式進行設定，在實際生產中需要切換為可持久化的資料來源。程式中給 client 設定了隱式授權模式，並且給 open-server 設定了一個密碼，用來進行鑑權服務呼叫。

8.1.2 開放閘道的相關實現

下面介紹開放閘道的相關程式，如範例 8.3 所示。

```
//Spring 設定類別
@Configuration
// 開啟資源伺服器相關功能
@EnableResourceServer
public class ResourceConfig extends ResourceServerConfigurerAdapter {

    /**
     * 密碼編碼器
     * @return
     */
    @Bean
    public PasswordEncoder passwordEncoder() {
        return new BCryptPasswordEncoder();
    }
      /**
     * 設定 token 驗證伺服器，也就是授權系統的相關資訊
     * @return
     */
    @Primary
    @Bean
    public RemoteTokenServices remoteTokenServices() {
        final RemoteTokenServices tokenServices = new RemoteTokenServices();
        // 這裡是 demo，直接按強制寫入方式處理，在實際中應該從設定中獲取
        tokenServices.setCheckTokenEndpointUrl
("https://localhost:8080/OAuth/check_token");
        // 這裡的 clientId 和 secret 對應資原始伺服器資訊，授權伺服器處的設定要
        // 和範例 8.2 中的設定保持一致
        tokenServices.setClientId("open-server");
        tokenServices.setClientSecret("test");
        return tokenServices;
    }
    @Override
    public void configure(HttpSecurity http) throws Exception {
        // 設置建立 session 策略
        http.sessionManagement().sessionCreationPolicy
(SessionCreationPolicy.IF_REQUIRED);
```

```
        // 所有請求必須授權
        http.authorizeRequests()
                .anyRequest().authenticated();
    }

    @Override
    public void configure(ResourceServerSecurityConfigurer resources) {
        resources.resourceId("resource1").stateless(true);
    }
}
```

t 範例 8.3 開放閘道的相關程式

定義一個簡單的 Controller，作為要保護的資源，程式如範例 8.4 所示。

```
@RestController
public class ApiController {
    @GetMapping("/api")
    public String api(){
        return "api";
    }
}
```

t 範例 8.4 定義簡單的 Controller

8.1.3 相關實現的驗證

步驟 1 獲取 access_token 資訊。

拼接如範例 8.5 所示的請求連結。

```
https://localhost:8080/OAuth/authorize?client_id=client&redirect
_uri=https://www.baidu.com&response_type=token&scope=api
```

t 範例 8.5 獲取授權資訊的請求連結

範例 8.5 中的參數要與範例 8.2 中的設定保持一致。當在瀏覽器中輸入範例 8.5 中的網址後，會彈出如圖 8-1 所示的登入頁面。這時使用者需要輸入自己在開放平臺中的使用者資訊，進行授權。透過範例 8.1 可知，使用者名稱和密碼都為 OAuth 2。輸入使用者名稱和密碼後，按一下「登入」按鈕，即可得到如圖 8-2 所示的授權頁面。

　　使用者在圖 8-2 中會被提示，要授權給第三方應用自己的所有權限。如果使用者同意，則會進行授權；如果使用者不同意，則不會進行授權。在前面介紹的相關授權內容中，登入和授權融合在了一起，讀者需要注意區分。同時，這裡會讓使用者選擇所有的 Scope，而前面介紹的流程中，使用者沒有選擇 Scope 的過程。這是因為在實際應用中，如果只授權給第三方應用所要求的部分 Scope，則第三方應用可能無法履行自己對使用者承諾的功能。使用者將 scope.api 設置為 Approve 後，按一下「Authorize」按鈕，即可得到圖 8-3 所示的授權結果。

▲ 圖 8-1　登入頁面

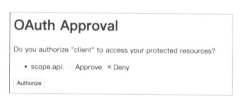

▲ 圖 8-2　授權頁面

baidu.com/#access_token=6616920e-b327-4b1e-8a5d-f9e1578b6bed&token_type=bearer&expires_in=119

▲ 圖 8-3　授權結果

　　圖 8-3 中 access_token 直接展示在瀏覽器的網址列中。這時假設 baidu.com 就是第三方應用的網址，那麼透過該回呼請求，第三方應用獲取 access_token 後，就可以使用該 access_token 請求資原始伺服器了。這裡需要注意的是，即使在範例 8.2 中設定了 refresh_token，這裡也不會傳回，因為這種模式不支援 access_token 更新。

步驟 2　驗證使用該 access_token 進行開放能力的呼叫。

　　如果直接存取 API 資源，則會得到如圖 8-4 所示的結果。伺服器會提示，需要進行授權才能進行存取。

▲ 圖 8-4 未授權時存取開放閘道

如果將獲取的 access_token 以圖 8-5 中的方式設置到請求標頭中並存取,則會順利獲得結果。

▲ 圖 8-5 授權後存取開放閘道

8.2 授權碼授權模式

授權碼授權模式同樣分為授權系統和開放閘道兩個系統。兩者的相互作用這裡不再贅述。

8.2.1 授權系統的相關實現

在範例 8.6 中,對授權系統進行了使用者資訊登入認證的相關設定,同樣在記憶體中儲存了一個使用者名稱和密碼都為 OAuth 2 的使用者。其他相關程式可以結合程式和註釋進行理解。

```java
@Configuration
// 開啟 Web 使用者認證的相關功能
@EnableWebSecurity
public class SecurityConfig extends WebSecurityConfigurerAdapter {
    /***
     * 在 Spring 中注入一個 PasswordEncoder，用來對儲存的密碼進行編碼
     * 通常不會儲存使用者的純文字密碼，以防止使用者密碼透過資料來源洩露
     * @return
     */
    @Bean
    public PasswordEncoder passwordEncoder(){
        return new BCryptPasswordEncoder();
    }
    /**
     * 這裡作為一個簡單的範例，將使用者認證資訊直接儲存到記憶體中
     * 這裡儲存了一個使用者名稱為 OAuth 2，密碼也為 OAuth 2 的使用者認證資訊到記憶體
中，用來支援使用者登入
     * @param auth
     * @throws Exception
     */
    @Override
    protected void configure(AuthenticationManagerBuilder auth) throws Exception {
        // 同樣使用記憶體儲存使用者資訊
        auth.inMemoryAuthentication()
                // 設置使用者名稱和密碼
                .withUser("OAuth 2")
                .password(passwordEncoder().encode("OAuth 2"))
                .authorities(Collections.emptyList());
    }
    /**
     * 設定 Web 登入驗證方式，當第三方應用發起授權請求後，使用者會進行登入授權
     * 該配合結合上面的使用者資訊設定給授權系統提供了相關能力
     * @param http
     * @throws Exception
     */
    @Override
    protected void configure(HttpSecurity http) throws Exception {
```

```
        http.authorizeRequests()
                // 所有請求都需要透過認證
                .anyRequest().authenticated()
                .and()
                // 基於瀏覽器提供的彈窗進行登入
                .httpBasic()
                .and()
                // 關閉跨域保護
                .csrf().disable();
    }
}
```

t 範例 8.6 安全設定

範例 8.7 中設定重寫了兩個 configure() 方法。

第一個 configure() 方法的作用和 8.1 節中的保持一致。

第二個 configure() 方法有所區別，首先指定了 client 所對應的密碼 secret，這是因為在授權碼授權模式下，第三方應用在使用 code 獲取 access_token 時，需要傳遞 ClientID 和 ClientSecret，並且授權系統需要對相關資訊進行驗證。同時，指定了支援的授權模式為 authorization_code，即授權碼授權模式。

```
// 設定授權伺服器
@Configuration
// 開啟授權服務
@EnableAuthorizationServer
public class AuthorizationConfig extends
AuthorizationServerConfigurerAdapter {
    @Autowired
    private PasswordEncoder passwordEncoder;
    /**
     * 設定所暴露的端點的許可權驗證
     * @param security
     * @throws Exception
     */
    @Override
    public void configure(AuthorizationServerSecurityConfigurer security)
throws Exception {
        // 允許表單提交
        security.allowFormAuthenticationForClients()
```

```java
                    // 任何系統都可以請求獲取 token
                    .tokenKeyAccess("permitAll()")
                        // 驗證 token 需要進行認證
                        .checkTokenAccess("isAuthenticated()");
        }
        /**
         * 授權功能的核心設定
         * @param clients
         * @throws Exception
         */
        @Override
        public void configure(ClientDetailsServiceConfigurer clients) throws
    Exception {
            clients.inMemory()
                    // 用戶端的唯一標識（client_id）
                    .withClient("client")
                    // 用戶端的密碼（client_secret），這裡的密碼應該是加密後的
                    .secret(passwordEncoder.encode("secret"))
                    // 授權模式標識
                    .authorizedGrantTypes("authorization_code", "refresh_token")
                    // 作用域
                    .scopes("api")
                    // 設置 access_token 過期時間
                    .accessTokenValiditySeconds(300)
                    // 設置 refresh_token 過期時間
                    .refreshTokenValiditySeconds(3000)
                    // 資源 ID
                    .resourceIds("resource1")
                    // 回呼位址
                    .redirectUris("https://www.baidu.com")
                    .and()
                    // 資源始伺服器在驗證 token 時使用的用戶端資訊，僅需要 client_id 與密碼
                    .withClient("open-server")
                    .secret(passwordEncoder.encode("test"));
        }
    }
```

t 範例 8.7 OAuth 2 相關設定

8.2.2　開放閘道的相關實現

　　開放閘道的程式相對簡單。在如範例 8.8 所示的開放閘道的相關程式中，為
授權系統組態了遠端鑑權服務。在如範例 8.9 所示的開放 API 的相關程式中，模
擬了一個要保護的系統資源。

```
//Spring 設定類別
@Configuration
// 開啟資源伺服器的相關功能
@EnableResourceServer
public class ResourceConfig extends ResourceServerConfigurerAdapter {
    /**
     * 密碼編碼器
     * @return
     */
    @Bean
    public PasswordEncoder passwordEncoder() {
        return new BCryptPasswordEncoder();
    }
      /**
     * 設定 token 驗證伺服器，也就是授權系統的相關資訊
     * @return
     */
    @Primary
    @Bean
    public RemoteTokenServices remoteTokenServices() {
        final RemoteTokenServices tokenServices = new
RemoteTokenServices();
        // 這裡是 demo，直接按強制寫入方式處理，在實際中應該從設定中獲取
tokenServices.setCheckTokenEndpointUrl("https://localhost:8080/
OAuth/check_token");
        // 這裡的 clientId 和 secret 對應資原始伺服器資訊，授權伺服器處的設定要
        // 和範例 8.2 中的設定保持一致
        tokenServices.setClientId("open-server");
        tokenServices.setClientSecret("test");
        return tokenServices;
    }
      @Override
    public void configure(HttpSecurity http) throws Exception {
        // 設置建立 session 策略
```

```
http.sessionManagement().sessionCreationPolicy(
SessionCreationPolicy.IF_REQUIRED);
        // 所有請求必須授權
        http.authorizeRequests()
                .anyRequest().authenticated();
    }
      @Override
    public void configure(ResourceServerSecurityConfigurer resources) {
        resources.resourceId("resource1").stateless(true);
    }
}
```

t 範例 8.8 開放閘道的相關程式

```
@RestController
public class ApiController {
    @GetMapping("/api")
    public String api(){
        return "api";
    }
}
```

t 範例 8.9 開放 API 的相關程式

8.2.3 相關實現的驗證

步驟 1　第三方應用引導使用者發起授權獲取 code。請求連結如範例 8.10 所示。

```
https://localhost:8080/OAuth/authorize?client_id=client&response_type=
code&redirect_uri=https://www.baidu.com&state=state
```

t 範例 8.10 獲取 code 的請求連結

　　授權系統在收到範例 8.10 的請求後，會讓使用者進行登入和授權操作，動作頁面如圖 8-6 和圖 8-7 所示。其中，圖 8-6 為使用者登入頁面，圖 8-7 為使用者授權頁面。

▲ 圖 8-6 使用者登入頁面

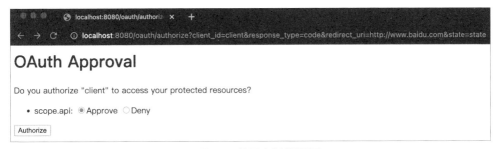

▲ 圖 8-7 使用者授權頁面

　　在使用者登入並同意授權後，授權系統會根據第三方應用的回呼位址，將 code 和 state 回呼到第三方應用，回呼方式如圖 8-8 所示。這裡使用的是百度位址，實際中會回呼到第三方應用的位址。這時第三方應用已獲取 code 和 state，可以在背景發起使用 code 換取 access_token 的操作。

▲ 圖 8-8 回呼方式

步驟 2 第三方應用在背景使用 code 換取 access_token 的請求如圖 8-9 所示。圖 8-9 中指定了 code、grant_type 和 redirect_uri 參數，其中的 redirect_uri 參數，在前面介紹的 code 授權模式中，獲取 access_token 時並不需要指定。這是因為 access_token 是直接傳回的，而非透過回呼傳回的。

▲ 圖 8-9 使用 code 換取授權資訊

在圖 8-9 的傳回結果中，可以拿到 access_token 和 refresh_token。其中，access_token 用來呼叫開放能力；而 refresh_token 用來更新 access_token。由於更新操作仍然是對授權系統發起的，因此這裡需要先驗證 refresh_token 的能力。

如圖 8-10 所示，使用 refresh_token 發起更新 access_token 請求，但是收到的傳回結果卻是「Internal Server Error」。這是因為預設的簡單設定不支援進行 access_token 更新，需要進一步實現自己的 UserDetailService。修改後的程式如範例 8.11 所示。

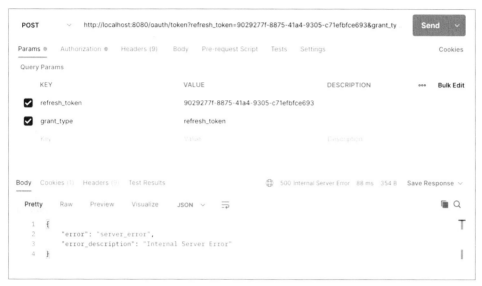

▲ 圖 8-10 無效的 OAuth 2 設定的更新授權資訊錯誤範例

```java
// 設定授權伺服器
@Configuration
// 開啟授權服務
@EnableAuthorizationServer
public class AuthorizationConfig extends
AuthorizationServerConfigurerAdapter {
    @Autowired
    private PasswordEncoder passwordEncoder;
    /**
     * 設定所暴露的端點的許可權驗證
     * @param security
     * @throws Exception
     */
    @Override
    public void configure(AuthorizationServerSecurityConfigurer security)
throws Exception {
        // 允許表單提交
        security.allowFormAuthenticationForClients()
                // 任何系統都可以請求獲取 token
                .tokenKeyAccess("permitAll()")
                // 驗證 token 需要進行認證
                .checkTokenAccess("isAuthenticated()");
```

```
    }
      /**
     * 設置 UserDetailsService 支援更新 access_token
     * @param endpoints
     * @throws Exception
     */
    @Override
    public void configure(AuthorizationServerEndpointsConfigurer endpoints)
throws Exception {
        InMemoryUserDetailsManager inMemoryUserDetailsManager = new
InMemoryUserDetailsManager();
        User user = new User("OAuth 2",
"$2a$10$y6BpDeSlUw86NVcVnamL5.8XMRkq3QIhKz0qFY5aLpDlaz/d3pCMu",
Collections.emptyList());
        inMemoryUserDetailsManager.createUser(user);
        endpoints.userDetailsService(inMemoryUserDetailsManager);
    }
      /**
     * 授權功能的核心設定
     * @param clients
     * @throws Exception
     */
    @Override
    public void configure(ClientDetailsServiceConfigurer clients) throws Exception {
        clients.inMemory()
                // 用戶端的唯一標識（client_id）
                .withClient("client")
                // 用戶端的密碼（client_secret），這裡的密碼應該是加密後的
                .secret(passwordEncoder.encode("secret"))
                // 授權模式標識
                .authorizedGrantTypes("authorization_code", "refresh_token")
                // 作用域
                .scopes("api")
                // 設置 access_token 過期時間
                .accessTokenValiditySeconds(300)
                // 設置 refresh_token 過期時間
                .refreshTokenValiditySeconds(3000)
                // 資源 ID
                .resourceIds("resource1")
                // 回呼位址
```

```
                    .redirectUris("https://www.baidu.com")
                    .and()
                    // 資源伺服器在驗證 token 時使用的用戶端資訊，僅需要 client_id 與密碼
                    .withClient("open-server")
                    .secret(passwordEncoder.encode("test"));
        }
}
```

t 範例 8.11 支援更新授權資訊的 OAuth 2 設定

　　按照範例 8.11 修改程式後，再次進行 access_token 更新請求，就可以得到正確的結果了，如圖 8-11 所示。

▲ 圖 8-11 支援更新授權資訊後的請求範例

　　在圖 8-9 和圖 8-10 進行請求時，都需要傳遞 ClientID 和 ClientSecret，傳遞方式如圖 8-12 所示。

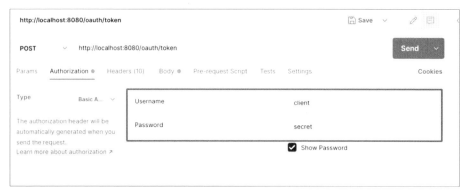

▲ 圖 8-12 第三方應用資訊請求標頭

最後，驗證使用 access_token 進行開放能力的存取，結果如圖 8-13 所示。

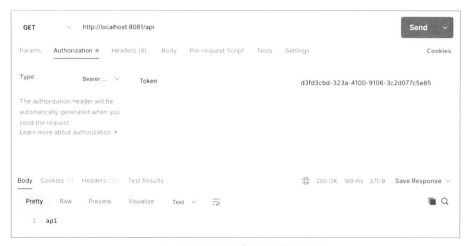

▲ 圖 8-13 存取開放 API 請求範例

8.3 授信用戶端密碼模式

在授信用戶端密碼模式下，第三方應用在獲取使用者的使用者名稱和密碼後，使用使用者使用者名稱和密碼資訊獲取 access_token。在該模式下，同樣分別展示授權系統和開放閘道的相關範例程式。

8.3.1 授權系統的相關實現

在範例 8.12 中，為授權系統組態了使用者認證資訊，這裡使用者名稱和密碼都為 OAuth 2。在程式中，將一個 AuthenticationManager 物件注入 Spring 容器中，用來支援使用者名稱和密碼的相關認證需求。在範例 8.13 中，注入該物件進行使用。

```java
@Configuration
@EnableWebSecurity
public class SecurityConfig extends WebSecurityConfigurerAdapter {

    @Bean
    public PasswordEncoder passwordEncoder() {
        return new BCryptPasswordEncoder();
    }

    @Bean
    public AuthenticationManager authenticationManager() throws Exception {
        return super.authenticationManager();
    }
    @Override
    protected void configure(AuthenticationManagerBuilder auth) throws
Exception {
        auth.inMemoryAuthentication()
            .withUser("OAuth 2")
            .password(passwordEncoder().encode("OAuth 2"))
            .authorities(Collections.emptyList());
    }

    @Override
    protected void configure(HttpSecurity http) throws Exception {
        // 所有請求必須認證
        http.authorizeRequests()
            .anyRequest()
            .authenticated();
    }
}
```

t 範例 8.12 安全設定程式

　　範例 8.13 是授權系統的核心設定。這裡需要特別注意的是，為 Spring 容器
注入 AuthenticationManager 物件，並將該物件在 endpoints 中進行設定。

```
@Configuration
@EnableAuthorizationServer
public class AuthorizationConfig extends
AuthorizationServerConfigurerAdapter {
        // 密碼編碼器
    @Autowired
    public PasswordEncoder passwordEncoder;
    // 密碼模式需要注入認證管理器
    @Autowired
    private AuthenticationManager authenticationManager;
        // 設定用戶端
    @Override
    public void configure(ClientDetailsServiceConfigurer clients)
throws Exception {
        clients.inMemory()
                // 設定 ClientID 和 ClientSecret
                .withClient("client")
                .secret(passwordEncoder.encode("secret"))
                // 開啟密碼模式
                .authorizedGrantTypes("password", "refresh_token")
                .scopes("api")
                // 設置過期時間
                .accessTokenValiditySeconds(3000)
                .refreshTokenValiditySeconds(30000)
                .and()
                // 該 ClientID 和 ClientSecret 是專門給開放閘道進行鑑權使用的
                .withClient("open-server")
                .secret(passwordEncoder.encode("test"));
    }

    @Override
    public void configure(AuthorizationServerEndpointsConfigurer endpoints)
throws Exception {
        // 密碼模式必須增加 AuthenticationManager 物件
        endpoints.authenticationManager(authenticationManager);
        // 為了支援更新 access_token
        InMemoryUserDetailsManager inMemoryUserDetailsManager = new
```

```
InMemoryUserDetailsManager();
        User user = new User("OAuth 2",
                "$2a$10$y6BpDeSlUw86NVcVnamL5.8XMRkq3QIhKz0qFY5aLpDlaz/
d3pCMu", Collections.emptyList());
        inMemoryUserDetailsManager.createUser(user);
        endpoints.userDetailsService(inMemoryUserDetailsManager);
    }


    @Override
    public void configure(AuthorizationServerSecurityConfigurer security)
throws Exception {
        // 允許表單提交
        security.allowFormAuthenticationForClients()
                // 任何系統都可以請求獲取 token
                .tokenKeyAccess("permitAll()")
                // 驗證 token 需要進行認證
                .checkTokenAccess("isAuthenticated()");
    }
}
```

t 範例 8.13 OAuth 2 設定程式

8.3.2 開放閘道的相關實現

開放閘道的設定程式如範例 8.14 所示。

```
//Spring 設定類別
@Configuration
// 開啟源始伺服器的相關功能
@EnableResourceServer
public class ResourceConfig extends ResourceServerConfigurerAdapter {

    /**
     * 密碼編碼器
     * @return
     */
    @Bean
    public PasswordEncoder passwordEncoder() {
        return new BCryptPasswordEncoder();
    }
```

```java
    /**
     * 設定 token 驗證伺服器，也就是授權系統的相關資訊
     * @return
     */
    @Primary
    @Bean
    public RemoteTokenServices remoteTokenServices() {
        final RemoteTokenServices tokenServices = new
RemoteTokenServices();
        // 這裡是 demo，直接按強制寫入方式處理，在實際中應該從設定中獲取
        tokenServices.setCheckTokenEndpointUrl("https://localhost:
8080/OAuth/check_token");
        // 這裡的 clientId 和 secret 對應資原始伺服器資訊，授權伺服器處的設定要
        // 和範例 8.13 中的設定保持一致
        tokenServices.setClientId("open-server");
        tokenServices.setClientSecret("test");
        return tokenServices;
    }


    @Override
    public void configure(HttpSecurity http) throws Exception {
        // 設置建立 session 策略
        http.sessionManagement().sessionCreationPolicy
(SessionCreationPolicy.IF_REQUIRED);
        // 所有請求必須授權
        http.authorizeRequests()
                .anyRequest().authenticated();
    }


    @Override
    public void configure(ResourceServerSecurityConfigurer resources) {
        resources.resourceId("resource1").stateless(true);
    }
}
```

t 範例 8.14　開放閘道的設定程式

　　為了進行驗證，在開放閘道中提供了一個模擬的開放 API，程式如範例 8.15 所示。

```
@RestController
public class ApiController {

    @GetMapping("/api")
    public String api(){
        return "api";
    }
}
```

t 範例 8.15　開放 API 程式

8.3.3　相關實現的驗證

步驟 1　第三方應用在獲取使用者名稱和密碼後，使用如範例 8.16 所示的請求來獲取授權資訊。

```
https://localhost:8080/OAuth/token?username=OAuth 2
&password=OAuth 2&scope=api&grant_type=password
```

t 範例 8.16　獲取授權資訊的請求

　　範例 8.16 中並沒有 ClientID 和 ClientSecret，是因為這兩個參數放在了請求標頭中。獲取授權資訊的請求標頭和請求本體分別如圖 8-14 和圖 8-15 所示。

▲ 圖 8-14　獲取授權資訊的請求標頭

▲ 圖 8-15 獲取授權資訊的請求本體

步驟 2 第三方應用在獲取授權資訊後，可以使用 refresh_token 進行授權資訊更新，請求標頭和請求本體分別如圖 8-16 和圖 8-17 所示。

最後，驗證使用更新後的 access_token 進行開放能力的呼叫，詳情如圖 8-18 所示。

▲ 圖 8-16 更新授權資訊的請求標頭

▲ 圖 8-17 更新授權資訊的請求本體

▲ 圖 8-18 存取開放 API 請求範例

8.4 授信用戶端模式

這裡 Spring 所提供的授信用戶端模式和在前文所講的授信用戶端模式是不同的。在前文中所講的授信用戶端模式中，最終的授權結果是將使用者的許可權授權給了第三方應用；而 Spring 所提供的授信用戶端模式，是第三方應用與授權系統之間的一種「登入」關係，希望讀者予以區分。

在授信用戶端模式下，仍然分別展示授權系統和開放閘道的相關程式。

8.4.1 授權系統的相關實現

在範例 8.17 中，只是將授權系統保護起來，並沒有設定任何使用者資訊。這是因為該授權模式中沒有使用者參與。

```
@Configuration
@EnableWebSecurity
public class SecurityConfig extends WebSecurityConfigurerAdapter {

    @Override
    protected void configure(HttpSecurity http) throws Exception {
        http.authorizeRequests().anyRequest().authenticated();
    }
}
```

t 範例 8.17 安全設定程式

範例 8.18 是授權系統的核心設定，其中的程式結合前文能極佳地表達其作用，這裡不再贅述。

```
@Configuration
@EnableAuthorizationServer
public class AuthorizationConfig extends
AuthorizationServerConfigurerAdapter {
    @Bean
    public PasswordEncoder passwordEncoder() {
        return new BCryptPasswordEncoder();
    }

    @Override
```

```java
    public void configure(ClientDetailsServiceConfigurer clients) throws Exception {
        clients.inMemory()
                // 設定 ClientID 和 ClientSecret
                .withClient("client")
                .secret(passwordEncoder().encode("secret"))
                // 設定授權模式
                .authorizedGrantTypes("client_credentials", "refresh_token")
                .scopes("api")
                .and()
                // 資源伺服器在驗證 token 時使用的用戶端資訊，僅需要 client_id 與密碼
                .withClient("open-server")
                .secret(passwordEncoder().encode("test"));
    }

    @Override
    public void configure(AuthorizationServerSecurityConfigurer security)
throws Exception {
        // 允許表單提交
        security.allowFormAuthenticationForClients()
                // 任何系統都可以請求獲取 token
                .tokenKeyAccess("permitAll()")
                // 驗證 token 需要進行認證
                .checkTokenAccess("isAuthenticated()");
    }

    /**
     * 設置 UserDetailsService 支援更新 access_token
     *
     * @param endpoints
     * @throws Exception
     */
    @Override
    public void configure(AuthorizationServerEndpointsConfigurer endpoints)
throws Exception {
        InMemoryUserDetailsManager inMemoryUserDetailsManager = new
InMemoryUserDetailsManager();
        User user = new User("OAuth 2",
                "$2a$10$y6BpDeSlUw86NVcVnamL5.8XMRkq3QIhKz0qFY5aLpDlaz/
d3pCMu", Collections.emptyList());
        inMemoryUserDetailsManager.createUser(user);
```

```
        endpoints.userDetailsService(inMemoryUserDetailsManager);
    }
}
```

t 範例 8.18 OAuth 2 設定程式

8.4.2 開放閘道的相關實現

開放閘道的設定程式如範例 8.19 所示。

```
//Spring 設定類別
@Configuration
// 開啟資源伺服器的相關功能
@EnableResourceServer
public class ResourceConfig extends ResourceServerConfigurerAdapter {

    /**
     * 密碼編碼器
     * @return
     */
    @Bean
    public PasswordEncoder passwordEncoder() {
        return new BCryptPasswordEncoder();
    }

    /**
     * 設定 token 驗證伺服器，也就是授權系統的相關資訊
     * @return
     */
    @Primary
    @Bean
    public RemoteTokenServices remoteTokenServices() {
        final RemoteTokenServices tokenServices = new
RemoteTokenServices();
        // 這裡是 demo，直接按強制寫入方式處理，在實際中應該從設定中獲取
        tokenServices.setCheckTokenEndpointUrl("https://localhost:
8080/OAuth/check_token");
        // 這裡的 clientId 和 secret 對應資原始伺服器資訊，授權伺服器處的設定要
        // 和範例 8.2 中的設定保持一致
```

```
        tokenServices.setClientId("open-server");
        tokenServices.setClientSecret("test");
        return tokenServices;
    }

    @Override
    public void configure(HttpSecurity http) throws Exception {
        // 設置建立 session 策略
        http.sessionManagement().sessionCreationPolicy
(SessionCreationPolicy.IF_REQUIRED);
        // 所有請求必須授權
        http.authorizeRequests()
                .anyRequest().authenticated();
    }

    @Override
    public void configure(ResourceServerSecurityConfigurer resources) {
        resources.resourceId("resource1").stateless(true);
    }
}
```

t 範例 8.19 開放閘道的設定程式

　　最後，為了進行存取驗證，模擬了一個開放 API，如範例 8.20 所示。雖然範例 8.20 的程式沒有任何改變，但是其含義已經發生了變化。它不再是使用者的 API，而是第三方應用的 API。

```
@RestController
public class ApiController {

    @GetMapping("/api")
    public String api(){
        return "api";
    }
}
```

t 範例 8.20 開放第三方應用的 API 程式

8.4.3 相關實現的驗證

第三方應用使用自己的 ClientID 和 ClientSecret 就可以直接發起獲取授權資訊請求。獲取授權資訊的請求標頭和請求本體分別如圖 8-19 和圖 8-20 所示。

▲ 圖 8-19 獲取授權資訊的請求標頭

▲ 圖 8-20 獲取授權資訊的請求本體

從圖 8-20 中可以看到，傳回結果中只有 access_token，即使在範例 8.18 中開啟了 refresh_token 的相關設定，也沒有 refresh_token。也就是說，該模式下並不支援更新授權資訊。

最後，驗證使用 access_token 呼叫開放能力，詳情如圖 8-21 所示。

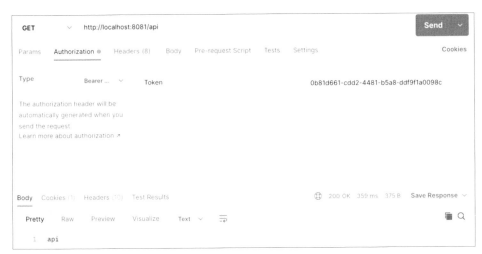

▲ 圖 8-21 呼叫開放第三方應用 API

8.5 四種授權模式總結

至此四種授權模式的相關範例均已介紹完畢，但是這些程式都只是範例而已。在實際使用過程中，需要做很多真實的設定和擴充。舉例來說，使用者資訊不應該儲存在記憶體中，應該從可持久化的資料來源中獲取；第三方應用資訊也應該儲存在持久化資料來源中；授權資訊持久化設定（Spring Security 支援使用 Redis 進行持久化），以及對 OpenID 的支援也需要進行擴充實現等。

本書建議只將 Spring Security 提供的能力作為學習研究之用，但在真實的大型系統中，還是推薦自己實現一套授權系統。

8.6 JWT

Spring Security 也提供了基於 JWT 生成授權資訊的能力。但是，從程式分析的結果和實際執行的效果來看，Spring Security 所提供的基於 JWT 生成授權資訊的方案，和前文所介紹的基於 JWT 生成授權資訊的方案有所不同，區別如下：

- 在 Spring Security 的 JWT 方案中，access_token 和 refresh_token 使用的是不同的 JWT，而在前文的 JWT 方案中，access_token 和 refresh_token 使用的是相同的 JWT。更進一步來說，前文的 JWT 方案中，使用了 JWT 本身的機制，即使用同一個 JWT 進行鑑權和更新操作，整個過程不需要儲存 JWT 資訊；而 Spring Security 將 access_token 和 refresh_token 的能力進行了分離，各自負責自己的工作。
- Spring Security 的 JWT 方案中需要儲存 JWT 資訊，而前文的 JWT 方案中不需要儲存 JWT 資訊。因為 Spring Security 所支援的 JWT 方案使用了專門的 refresh_token 進行更新，所以肯定在授權系統中有持久化的地方。
- Spring Security 的 JWT 方案沒有與 OpenID 進行結合，傳回的 JWT 中直接使用了使用者名稱；而前文的 JWT 方案已經與 OpenID 相結合。

綜上所述，Spring Security 所附帶的 JWT 功能，在實際開發工作中可能並不實用，需要做相應的擴充。下面開始介紹相關的範例程式。

為了能支援 JWT，需要引入額外的 maven 相依。

```
<dependency>
    <groupId>org.springframework.security</groupId>
    <artifactId>spring-security-jwt</artifactId>
    <version>1.1.0.RELEASE</version>
</dependency>
```

有了 maven 相依以後，分別演示授權系統和開放閘道的相關設定程式範例。

8.6.1 授權系統的相關實現

範例 8.21 對授權系統的使用者認證及相關安全性元件進行了設定。程式中的相關註釋能極佳地解釋這些程式的行為。

```
@Configuration
@EnableWebSecurity
public class SecurityConfig extends WebSecurityConfigurerAdapter {

    /**
     * 註冊授權資訊管理器到 Spring，作為演示使用預設的即可
```

```
 *
 * @return
 * @throws Exception
 */
@Bean
public AuthenticationManager authenticationManager() throws Exception {
    return super.authenticationManager();
}


/**
 * 註冊使用者詳情管理服務到 Spring，作為演示使用預設的即可
 * 相比於前面的自己建立，這裡直接使用父類別提供的
 * @return
 */
@Bean
public UserDetailsService userDetailsService() {
    return super.userDetailsService();
}


/**
 * 密碼編碼器
 * @return
 */
@Bean
public PasswordEncoder passwordEncoder() {
    return new BCryptPasswordEncoder();
}


/**
 * 設置使用者資訊
 * @param auth
 * @throws Exception
 */
@Override
protected void configure(AuthenticationManagerBuilder auth) throws Exception {
    auth.inMemoryAuthentication()
            .withUser("OAuth 2")
            .password(passwordEncoder().encode("OAuth 2"))
            .authorities(Collections.emptyList());
}
```

```
/**
 * 提供使用者資訊認證功能
 * @param http
 * @throws Exception
 */
@Override
protected void configure(HttpSecurity http) throws Exception {
    http.authorizeRequests()
            // 所有請求都需要透過認證
            .anyRequest().authenticated()
            .and()
            // 基於瀏覽器的登入視窗進行使用者登入
            .httpBasic()
            .and()
            // 關閉跨域保護
            .csrf().disable();
    }
}
```

t 範例 8.21 安全設定程式

在範例 8.22 中，對授權進行了相關設定。這裡設定的授權模式為授信用戶端密碼模式。由於在使用 JWT 時，會將金鑰（my-sign-key）分發給開放閘道，因此開放閘道可以直接使用該金鑰進行驗證，而不需要再為開放閘道設定 ClientID 和 ClientSecret。程式最後設定了 JWT 相關的內容，包括轉換器和記憶體。

```
// 設定授權伺服器
@Configuration
// 開啟授權服務
@EnableAuthorizationServer
public class AuthorizationConfig extends
AuthorizationServerConfigurerAdapter {

    @Autowired
    private AuthenticationManager authenticationManager;

    @Autowired
    public UserDetailsService userDetailsService;
```

```
    @Autowired
    private PasswordEncoder passwordEncoder;

    @Override
    public void configure(AuthorizationServerSecurityConfigurer security)
throws Exception {
        // 允許表單提交
        security.allowFormAuthenticationForClients()
                // 任何系統都可以請求獲取 token
                .tokenKeyAccess("permitAll()")
                // 驗證 token 需要進行認證
                .checkTokenAccess("isAuthenticated()");
    }

    @Override
    public void configure(ClientDetailsServiceConfigurer clients) throws Exception {
        clients.inMemory()
                // 用戶端的唯一標識
                .withClient("client")
                .secret(passwordEncoder.encode("secret"))
                // 授權模式標識，開啟更新 token 功能，這裡使用 password 模式進行驗證
                .authorizedGrantTypes("password", "refresh_token")
                // 作用域
                .scopes("api");

    }

    @Override
    public void configure(AuthorizationServerEndpointsConfigurer endpoints) {
        endpoints.authenticationManager(authenticationManager)
                .userDetailsService(userDetailsService)
                .tokenStore(jwtTokenStore())
                .accessTokenConverter(jwtAccessTokenConverter());
    }

    /**
     * 使用 JWT 存取 token 轉換器
     */
    @Bean
    public JwtAccessTokenConverter jwtAccessTokenConverter() {
```

```
        JwtAccessTokenConverter converter = new
JwtAccessTokenConverter();
        // 金鑰，預設是 Hmac-SHA256 演算法對稱加密
        converter.setSigningKey("my-sign-key");
        return converter;
    }


    /**
     * JWT 的 token 儲存物件
     */
    @Bean
    public JwtTokenStore jwtTokenStore() {
        return new JwtTokenStore(jwtAccessTokenConverter());
    }
}
```

t 範例 8.22　OAuth 2 設定程式

8.6.2 開放閘道的相關實現

範例 8.23 中設定了開放閘道的相關安全性原則。這裡直接使用 JWT 的 token store 進行驗證，不需要再遠端呼叫授權系統。

```
@Configuration
@EnableResourceServer
public class ResourceConfig extends ResourceServerConfigurerAdapter {

    @Bean
    public PasswordEncoder passwordEncoder() {
        return new BCryptPasswordEncoder();
    }


    @Override
    public void configure(HttpSecurity http) throws Exception {
        // 設置建立 session 策略
        http.sessionManagement().sessionCreationPolicy
(SessionCreationPolicy.IF_REQUIRED);
        // 所有請求必須授權
        http.authorizeRequests().anyRequest().authenticated();
    }
```

```
    @Override
    public void configure(ResourceServerSecurityConfigurer
resources) {
        resources.tokenStore(jwtTokenStore());
    }


    /**
     * 使用 JWT 存取 token 轉換器
     */
    @Bean
    public JwtAccessTokenConverter jwtAccessTokenConverter(){
        JwtAccessTokenConverter converter = new
JwtAccessTokenConverter();
        // 簽名驗證金鑰
        converter.setSigningKey("my-sign-key");
        return converter;
    }


    /**
     * JWT 的 token 儲存物件
     */
    @Bean
    public JwtTokenStore jwtTokenStore(){
        return new JwtTokenStore(jwtAccessTokenConverter());
    }


}
```

t 範例 8.23 開放閘道設定程式

8.6.3 相關實現的驗證

圖 8-22 所示為獲取授權資訊的請求標頭，並在請求標頭中設置了第三方應用的 ClientID 和 ClientSecret。

▲ 圖 8-22 獲取授權資訊的請求標頭

　　圖 8-23 所示為獲取授權資訊的請求本體，包括具體的請求參數和傳回結果。從圖 8-23 中可以看到，access_token 和 refresh_token 並不相同。結合範例 8.22 中的 JWT 記憶體的相關設定，可以佐證 Spring Security 所使用的 JWT 方案會對 JWT 進行儲存。

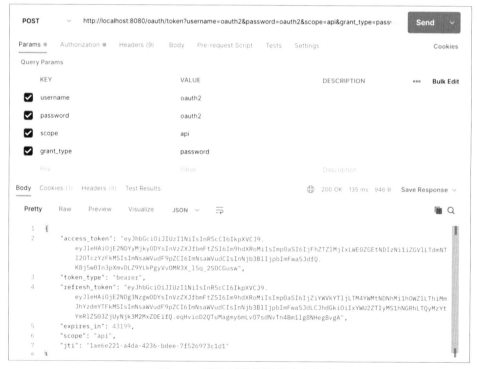

▲ 圖 8-23 獲取授權資訊的請求本體

圖 8-24 所示為 token 解析結果，即對 access_token 進行解析後的結果。從圖 8-24 中可以看到，其中的 user_name 欄位直接將系統中的使用者名稱暴露給了第三方應用，會導致使用者資訊洩露。

驗證授權資訊更新的相關流程如圖 8-25 和圖 8-26 所示。圖 8-25 在標頭資訊中，指定了 ClientID 和 ClientSecret。圖 8-26 基於授信用戶端密碼模式進行了授權資訊的更新操作。

最後，驗證使用 access_token 對開放閘道的存取，存取結果如圖 8-27 所示。

輸入JWT:

eyJhbGciOiJIUzI1NiIsInR5cCI6IkpXVCJ9.eyJleHAiOjE2NDYyMjkyODYsInVzZXJfbmFtZSI6Im9hdXRoMiIsImp0aSI6IjF
hZTZlMjIxLWE0ZGEtNDIzNi1iZGVlLTdmNTI2OTczYzFkMSIsImNsaWVudF9pZCI6ImNsaWVudCIsInNjb3BlIjpbImFwaS
JdfQ.K8j5w0ln3pXmvDLZ9YLkPgyVvOMR3X_l5q_2SOCGusw

舉個例子　解碼 JWT　複製標頭　複製酬載　重置

標頭/Header:

```
{
    "alg": "HS256",
    "typ": "JWT"
}
```

酬載/Payload:

```
    "exp": 1646229286,
    "user_name": "oauth2",
    "jti": "1ae6e221-a4da-4236-bdee-7f526973c1d1",
    "client_id": "client",
    "scope": [
        "api"
    ]
```

▲ 圖 8-24 token 解析結果

▲ 圖 8-25 更新授權資訊的請求標頭

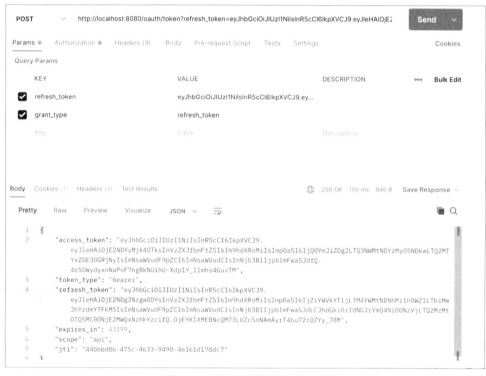

▲ 圖 8-26 更新授權資訊的請求本體

▲ 圖 8-27 存取開放 API 請求範例

Note

Note